普通高等院校环境科学与工程类系列规划教材

环境工程实验指导教程

主　编　廖润华　朱兆连　刘　媚
副主编　王　奇　唐燕超　刘　欣

中国建材工业出版社

图书在版编目(CIP)数据

环境工程实验指导教程/廖润华，朱兆连，刘媚主编 . --北京：中国建材工业出版社，2017.9

普通高等院校环境科学与工程类系列规划教材

ISBN 978-7-5160-1992-4

Ⅰ.①环…　Ⅱ.①廖…　②朱…　③刘…　Ⅲ.①环境工程—实验—高等学校—教学参考资料　Ⅳ.①X5-33

中国版本图书馆 CIP 数据核字（2017）第 210199 号

内 容 简 介

　　本书将环境工程专业核心课程所有实验综合起来，单独成立一门实验课程。为了避免相关课程之间的重复，该实验教程主要包括环境微生物学实验、环境监测实验、水污染控制工程实验、大气污染控制工程实验、固体废物处理实验、物理污染控制实验、仪器分析实验等。在每个课程实验中，都可以找到对应的相关验证性实验、综合设计性实验、演示性实验、开放性实验等层次的实验。

　　本书内容以环境工程专业相关课程实验为基础，根据产业的需求和技术的发展，着力体现理论体系的完整性、实际需要的现实性、科学技术发展的动态性。在编排上根据专业开课顺序进行排序，由浅入深，实验项目具有科学性、准确性和实用性。本书可作为高等学校环境工程专业的本科教材使用，同时可供相关专业的研究生和工程技术人员参考。

环境工程实验指导教程

主　编　廖润华　朱兆连　刘　媚
副主编　王　奇　唐燕超　刘　欣

出版发行：中国建材工业出版社
地　　址：北京市海淀区三里河路 1 号
邮　　编：100044
经　　销：全国各地新华书店
印　　刷：北京雁林吉兆印刷有限公司
开　　本：787mm×1092mm　1/16
印　　张：5.5
字　　数：130 千字
版　　次：2017 年 9 月第 1 版
印　　次：2017 年 9 月第 1 次
定　　价：28.00 元

本社网址：www.jccbs.com　微信公众号：zgjcgycbs
本书如出现印装质量问题，由我社市场营销部负责调换。联系电话：(010) 88386906

前　言

当今的自然科学，除数学外，几乎都可以说是实验科学，因此离不开实验技术。实验是检验理论正确与否的重要标准，任何一个科学理论都是从大量的科学实验数据中总结出来的普遍性规律。这个规律正确与否，又必须接受生产实践的检验，因此轻视实验技术是错误的。

环境工程是一门实践性很强的学科，因而实验技术显得尤为重要。不仅一些现象、规律，就是目前工程设计、运转管理中的很多参数，也都离不开实验。因此环境工程实验是科研与工程技术人员解决各种问题的一个重要手段，也是工科大学教学的一个重要环节。对于每一个从事环境工程的技术人员，必须有意识地加强实验技能的学习，注意培养自己独立解决工程实践中一些实验技术问题的能力，以便在今后走上工作岗位时能更好地适应，并有所创新、有所突破。

环境工程实验技术这门课程的任务是：

（1）加深学生对专业理论课中一些基本概念和原理的理解，并通过实验得出某些处理构筑物及处理设备的设计参数或运行参数；

（2）通过观察实验记录，分析整理实验结果，培养学生提出问题、分析问题、解决问题的能力；

（3）初步掌握基本的实验操作技能和测试技术。

本实验课应与理论教学、生产实习等有机地结合起来，互为补充，互为渗透，以便进一步提高教学质量。

全书分为两大章：第一章为环境工程专业实验必须掌握与了解的数据处理与质量控制知识；第二章涵盖了环境工程专业主要课程（环境微生物、环境监测技术、水污染控制工程、大气污染控制工程、固体废物处理与处置、环境噪声污染控制和仪器分析等）的实验内容。第一章、实验五～实验八与实验三十由景德镇陶瓷大学廖润华老师编写；实验一～实验四由温州大学王奇老师编写；实验九、实验十与实验三十一由景德镇陶瓷大学刘媚老师编写；实验二十、实验二十一、实验二十三与实验二十五由景德镇陶瓷大学刘欣老师编写；实验十三～实验十六、实验二十八与实验二十九由南京工业大学朱兆连老师编写；实验十一、实验十二、实验十七～实验十九由景德镇陶瓷大学唐燕超老师编写；实验二十二由景德镇陶瓷大学夏光华老师编写；实验二十四、实验二十六与实验二十七由景德镇陶瓷大学成岳老师编写。全书由景德镇陶瓷大学廖润华老师统稿。

实验要求

1. 课前预习

为完成好每个实验，学生在课前必须认真阅读实验教材，清楚地了解实验项目的目的和要求、实验原理和实验内容，写出简明预习提纲。预习提纲包括：

（1）实验目的和主要内容；

（2）需测试项目的测试方法；

（3）实验中注意事项；

（4）准备好实验记录表格。

2. 实验操作

学生实验前应仔细检查实验仪器、仪表是否完整齐全。实验时应严格按照操作规程认真操作，仔细观察实验现象，精心测定实验数据，并详细填写实验记录。实验结束后，要将实验设备和仪器仪表恢复原状，并将周围环境整理干净。学生应注意培养自己严谨的科学态度，养成良好的工作习惯。

3. 实验数据处理

通过实验取得大量数据以后，必须对数据作科学的整理分析，去伪存真，去粗取精，以得到正确可靠的结论。

4. 编写实验报告

实验报告包括下述内容：

（1）实验目的；

（2）实验原理；

（3）实验仪器和方法；

（4）实验步骤；

（5）实验数据和数据整理结果；

（6）实验结果与讨论。

重点应放在数据处理和实验结果讨论上。

目　录

环境工程实验指导教程

环境工程实验指导教程

第一章　数据处理与质量控制

第一节　名词术语

一、分析化学中的误差

任何分析都包含误差，后面要阐述的分析质量控制，实质上是对分析误差的控制。分析误差可分为过失误差、抽样误差、系统误差和随机误差。

由于不遵循操作规程所造成的误差称为过失误差。这往往是由于工作粗枝大叶所造成的，比如测错、读错、记错数据等。过失误差是可以避免的。在判别测定值的离群值时，首先要考虑是否存在过失误差。

系统误差又称偏倚（bias），属于可测误差，其数值的大小和符号可通过试验来确定。系统误差由分析过程中的固定原因引起，如方法的缺陷、仪器标定不正确、试剂不纯和分析人员的恒定个人误差等。因此，只要分析条件不变，它就会在每次分析中再现，符号和大小都不变。

随机误差又称偶然误差，由分析过程中的各种随机因素引起，如环境气温、气压的波动、电源电压的波动、仪器噪声和分析人员判断力的波动等。随机误差只服从一定的统计规律，其大小和符号的变化是随机的。当对一个量进行大量观测时，正、负偏差出现的次数大致相同，小偏差出现的次数多，大偏差出现的次数少，因此，一般按正态分布处理随机误差。也就是说，在相同条件下对一个量进行重复测定的测定值可视为一个随机变量，记为 x，这个随机变量的概率密度函数为：

$$f(x) = \frac{1}{\sqrt{2\pi}\sigma} \exp\left[-\frac{1}{2}\left(\frac{x-\mu}{\sigma}\right)^2\right] \qquad (-\infty < x < +\infty) \qquad (1\text{-}1)$$

式中　μ、σ——分别为正态总体的均值和标准偏差。

测定值落在均值 μ 两侧的概率是相同的，单个测定落入区间 $\mu+1\sigma$、$\mu+2\sigma$ 和 $\mu+3\sigma$ 的概率分别为 68.27%、95.45% 和 99.70%。

二、精密度

精密度是指在规定条件下，用同一方法对一均匀式样进行重复分析时，所得分析结果之间的一致性程度。它由分析的随机误差决定，分析的随机误差越小则分析的精密度越高。精密度用标准偏差或相对标准偏差（又叫变异系数）表示，通常与被测物的含量水平有关。如果对一个量重复测定 n 次，测定值分别为 x_1、x_2、$x_3 \cdots x_i \cdots x_n$，标准偏差的计算公式为：

$$s = \sqrt{\frac{\sum\limits_{i=1}^{x}(x_i - \overline{x})^2}{n-1}} = \sqrt{\frac{\sum\limits_{i=1}^{x} x_i^2 - \frac{\left(\sum\limits_{i=1}^{x} x_i\right)^2}{n}}{n-1}} \qquad (1\text{-}2)$$

$$\overline{x} = \frac{\sum_{i=1}^{n} x_i}{n} \tag{1-3}$$

相对标准偏差的计算公式为：

$$相对标准偏差 = \frac{s}{x} \times 100\% \tag{1-4}$$

重复性精密度——国际标准 ISO 定义的重复性精密度，是指在重复性条件下（同一工作人员用同一方法和同种仪器，在同一实验室中），按规定的操作规程连续测定同一样品所得测试结果之间的离散程度，用 S_r 表示，和国内习惯上用的室内标准偏差 S_w 相同。

再现性精密度——国际标准 ISO 定义的再现性精密度是指在再现条件下，用同一方法（在不同的实验室、用不同的仪器、不同的操作者以不同的时间间隔）测试同一样品的离散程度，用 S_R 表示，与国内室内精密度 S_t 相同。

三、准确度

准确度是指在规定的条件下，试样的测定值（单次测定值或重复测定的均值）与真值（假定公认的）之间的符合程度，由分析的系统误差和随机误差决定，且用加标回收率在一定程度上能反映测定结果的准确度。它们的计算公式分别为：

$$误差 = 测定值 - 真值 \tag{1-5}$$

$$相对误差 = \frac{测定值 - 真值}{真值} \times 100\% \tag{1-6}$$

$$加标回收率 = \frac{加标试样测定值 - 试样测定值}{加标量} \times 100\% \tag{1-7}$$

四、检出限和定量下限

目前对分析化学中的检出限和定量下限还没有非常一致的定义。一般认为检出限是定性的，主要回答试样中有没有被测物；定量下限是定量的，主要回答试样中有多少被测物。

检出限的定义，是能够检测出欲测物质的最低浓度 c_L 或最小量 q_L。在规定的分析方法中，检出限是由能够以必要的置信度测得的信号的最小值 x_L 决定的。

$$x_L = \overline{x_b} + K s_b \tag{1-8}$$

式中　$\overline{x_b}$——全程序空白值 x_b 的平均值；

　　　　s_b——x_b 的标准偏差；

　　　　K——根据对 x_L 置信度的要求所选择的相应常数，一般 K 取 3。

一个分析方法的检出限（注意不是仪器的检出限）

$$c_L = \frac{x_L - \overline{x_b}}{S} = \frac{K s_b}{S} \tag{1-9}$$

或

$$q_L = \frac{x_L - \overline{x_b}}{S} \tag{1-10}$$

式中　S——标准曲线斜率（即方法的灵敏度）；

　　　　$\overline{x_b}$ 和 s_b 通常必须通过空白实验求出，测定次数必须足够多，一般最好能测定 20 次。

若 $s_b = 0$，这并不意味着 $c_L = 0$，或检出限无限小。这时需配制一个浓度略大于零浓度的试样系列（能产生一个可测信号值）代替全程序空白实验，求出其标准偏差，用来代替 s_b，即可按式（1-9）或式（1-10）求出检出限。此外，有时为了工作方便和便于比较，也规定一个大家能接受的信号值作为检出限，例如在分光光度法中，规定吸光度为 0.010 所对应的浓度即为 c_L。

定量下限或测定下限是根据所要求的分析精密度决定的，因而不能像对待检出限那样给定量下限下一个笼统的定义。同一个分析方法，要求的精密度不同，定量下限的数值也有很大差异。一般说来，取 $K=3$ 时所得检出限的 3.3 倍所对应的浓度，作为定量下限是常为人们所采用的，其测定值的相对标准偏差大体为 10%。

第二节 数据处理

一、原始数据的记录

一个分析结果的有效数字的位数是否正确，主要取决于原始数据的正确记录和数的正确计算。在记录数据时，要同时考虑到计量器具的精密度和准确度以及分析人员的读数误差。常见的事例有：

（1）用合格的万分之一天平称量时，有效数据可以记录到万分位。

（2）用合格的量器量取溶液时，量取的体积的有效位数取决于量器的允许误差和读数误差。例如 5mL 的无分度移液管 20℃ 时的允许误差，A 级为 ±0.015mL，准确体积记为 5.00mL；100mL 容量瓶 20℃ 时的允许误差，A 级为 ±0.10mL，准确体积记为 100.0mL。其他详情参见有关实验室手册。

（3）在光度法中，吸光度一般可以记到小数点后面三位。

（4）经典滴定法中，消耗滴定剂几十毫升时，准确度可到千分之几，可以保留四位有效数字。

（5）稀释的中间标准溶液和标准系列，浓度的有效数字的位数必须根据计算公式并按规则通过计算确定。

二、有效数字及其计算规则

有效数字就是在测量中所能得到的，有实际意义的数字。它是通过计算而得到的，而且根据计量器具的精密程度来确定。

（1）记录一个测量所得数据时，其末尾保留一位不确定数字，即有效数字是包括可靠以及一位不确定数字在内的有意义的数字。

（2）在运算中弃去多余数字时，一律以"四舍六入五单双"为原则，或者说"四要舍，六要入；五前单数要进一，五前双数全舍光"，而不是"四舍五入"。

（3）几个数相加减时，得数经修约后，保留有效数字的位数，取决于绝对值误差最大的一个数据。

（4）几个数相乘除时，得数经修约后，则以有效数字位数最少的为依据，即以相对误差最大的为准，弃去过多的位数。

（5）在计算中，常数 π、e 的数值以及 $\sqrt{2}$、$1/2$ 等系数的有效数字位数，可以认为是无限制的，即在计算中，需要几位就写几位。

（6）在对数计算中，所取对数应与真数的有效数字位数相等。对数的有效数字位数，只计小数点以后的数字的位数，不计对数的整数部分。

第三节 质量控制

一、全程序空白实验值控制

1. 意义

水质分析中的全程序空白实验值是以水代替实际样品，并完全按照实际试样原分析程序同样操作后，所测得的浓度值。

全程序空白实验值的大小及其分散程度，对分析结果的精密度和分析方法的检出限都有很大的影响，并在一定程度上反映了一个环境监测实验室及其分析人员的水平。

2. 控制方法

（1）在常规分析中，每次测定两份全程序空白实验平行样，其相对偏差一般不大于 50%，取其平均值作为同批试样测量结果的空白校正值。用于标准系列的空白实验，应按照标准系列分析程序相同操作，以获得标准系列的空白实验值。

（2）绘制和使用空白实验值控制图。

二、标准曲线

1. 意义

应用标准曲线的分析方法，都是在样品测得信号值后，从标准曲线上查得其含量（或浓度）。因此，绘制准确的标准曲线，直接影响到样品分析结果的准确与否。此外，标准曲线也确定了方法的测量范围。

2. 标准曲线的绘制

（1）对标准曲线，溶液以纯溶剂为参比进行测量后，应先作空白校正，然后绘制标准曲线。

（2）标准溶液一般可直接测定，但如试样的前处理较复杂，致使污染或损失不可忽略时，应和试样同样处理后测定。

（3）标准曲线的斜率常随环境温度、试剂批号和贮存时间等实验条件的改变而变动。因此，在测定试样的同时，绘制标准曲线最为理想，否则应在测定试样的同时，平行测定零浓度和中等浓度标准溶液各两份，取均值相减后与原标准曲线上的相应点核对，其相对差值根据方法精密度不应大于 5%～10%，超出应重新绘制标准曲线。

3. 标准曲线的检验

（1）线性检验：即检验标准曲线的精密度。对于以 4～6 个浓度单位所获得的测量信号值绘制的标准曲线，一般要求其相关系数 $|R| \geqslant 0.9990$，否则应找出原因并加以纠正，重新绘制出合格的标准曲线。

（2）截距检验：即检验标准曲线的准确度。在线性检验合格的基础上对其进行线性回归，回归时要包括零浓度及其校正信号值，得出回归方程 $y = a + bx$。然后将所得截距 a 与零分别作 t 检验，当取 95% 置信水平，经检验无显著差异时，a 可作零处理，方程简化为 $y = bx$。在线性范围内，可代替查阅标准曲线，直接将样品测量信号值经空白校正后，计算出试样浓度。

当 a 与零有显著差异时，即表示标准曲线的回归方程的计算结果准确度不高，应找出原因并予以纠正后，重新绘制标准曲线并经线性检验合格，再计算回归方程，经截距检验合格后投入使用。

回归方程如不经上述检验和处理，即直接投入使用，必将给测定结果引入差值相当于截距 a 值的系统误差。

截距检验见相关实验手册。

（3）斜率检验：即检验分析方法的灵敏度。方法灵敏度是随实验条件的变化而改变的。在完全相同的分析条件下，仅仅由于操作中的随机误差所导致的斜率变化，不应超出一定的允许范围，此范围内因分析方法的精度不同而异，一般而言，分子吸收分光光度法则要求其相对差值小于 10% 等。

三、平行双样

1. 意义

进行平行双样测定，有助于减小随机误差。根据试样单次分析结果，无法判断其离散程度。对试样作平行双样测定，是对测定进行最低限度的精密度检查。一批试样中部分平行双样的测定结果有助于估计同批测定的精密度。

2. 测定率

原则上试样都应作平行双样测定。当一批试样数量较多时，可随机抽取 10%~20% 的试样进行平行双样测定；当同批试样数较少时，应适当增大测定率，每批（5 个以上）中平行双样以不少于 5 个为宜。

3. 控制方法

在分取样品进行测定时，对同一样品同时分取两份。平行双样测定结果的相对偏差不应大于标准方法或统一方法所列相对标准偏差的 2.83 倍。各分析方法的相对标准偏差可见有关规定。对未列相对标准偏差的方法，样品均匀性和稳定性较好，可参阅下表规定：

表 1-1　平行双样相对偏差表

分析结果所在数量级（g/mL）	10^{-4}	10^{-5}	10^{-6}	10^{-7}	10^{-8}	10^{-9}	10^{-10}
相对偏差最大容许值（%）	1	2.5	5	10	20	30	50

四、加标回收

1. 意义

用加标回收率在一定程度上能反映测定结果的准确度，但有局限性。这是因为样品中某些干扰因素对测定结果具有恒定的正偏差或负偏差，并均已在样品测定中得到反映，而对加标结果就不再显示其偏差，也就是说，加标回收可能是良好的。此外，加入的标准与样品中等测物在价态或形态上的差异，回标量的多少和样品中原有浓度的大小等，均影响加标回收效果。因此，当加标回收率满意时，不能肯定测定准确度无问题；但当超出所要求的范围时，则肯定准确度有问题。

2. 测定率

在一批试样中，随机抽取 10%~20% 的试样进行回标回收测定；当同批试样较少时，应适当加大测定率，每批同类型试样中，回标试样不应少于 2 个。

3. 控制方法

分析人员在分取样品的同时，另分取一份，并加入适量的标样。加标量不能过大，一般为试样含量的 0.5~2 倍，且加标后的总含量不应超过测定上限；加标物的浓度不宜过高，体积应很小，一般以不超过原始试样体积的1‰为好，以简化计算。

对每一个测得的回收率分别进行检查，对均匀性较好的样品，不应超出标准方法或统一方法所列回收率范围。未列回收率范围的，可计算出95%～105%置信区间，作为正常允许范围。

第二章　实验部分

实验一　光学显微镜的操作与微生物个体形态的观察

一、实验目的
(1) 了解普通光学显微镜的基本构造和工作原理。
(2) 学习并掌握普通光学显微镜的操作及维护知识。
(3) 观察原生动物及微型后生动物标本。

二、实验仪器
光学显微镜、原生动物及微型后生动物标本。

三、实验内容
1. 光学显微镜的结构

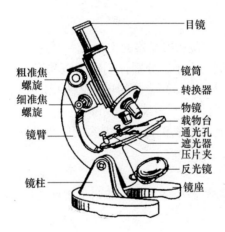

光学显微镜分机械装置和光学系统两部分：

(1) 机械装置

镜筒：镜筒上端装目镜，下端接转换器。

转换器：转换器装在镜筒的下方，上面有几个孔，不同规格的物镜分别安装在各孔上。

载物台：载物台为方形的平台，中央有一个光孔，孔的两端各装 1 个夹片，载物台上还有移动器，可以纵向和横向移动，移动器的作用是夹住和移动标本。

镜臂：镜臂用以支撑镜筒、载物台、聚光器和调节器。

镜座：镜座为马蹄形，支撑整台显微镜，其上有反光镜。

调节器：调节器包括大、小螺旋调节器（调焦器）各一个。可调节物镜和所需观察的物体之间的距离。

（2）光学系统

光学系统包括目镜、物镜、聚光器、反光镜、滤光片。

目镜：它的功能是把物镜放大的物像再次放大。目镜一般由两块透镜组成。上面一块称接目透镜，下面一块称为场镜。在两块透镜之间或在场镜下方有一光阑。由于光阑的大小决定着视野的大小，故又称它为视野阑。进行显微测量时，目测微尺被安装在视野阑上。目镜上标用 $10\times$、$40\times$ 等放大倍数。

物镜：它的功能是把标本放大，产生物像。物镜可分为低倍镜（$4\times$ 或 $10\times$）、中倍镜（$20\times$）、高倍镜（$40\times\sim60\times$）和油镜（$100\times$）。一般油镜上刻有"OI"（Oil Immersion）或"HI"（Homogeneous Immersion）字样。物镜上通常标有放大倍数、数值孔径、工作距离及盖玻片厚度等参数。以油镜为例，100/1.25 表示放大倍数为 100 倍，NA（数值孔径）为 1.25；160/0.17 表示镜筒长度为 160mm，盖玻片厚度等于或小于 0.17mm。

聚光器：安装在载物台的下面，反光镜反射来的光线通过聚光器被聚集成光锥照射到标本上，可增强照明度，提高物镜的分辨率。聚光器的中间装有光圈，可调节光亮度。需要强光时光圈调大，需要弱光时光圈调小。

反光镜：反光镜装在镜座上，有平、凹两面。光源为自然光时用平面镜，光源为灯光时用凹面镜。它可自由转动方向。反光镜可反射光线到聚光器上。

2. 光学显微镜的性能

（1）数值孔径

数值孔径简写为 NA，是物镜和聚光器的主要技术参数，是判断两者（尤其对物镜而言）性能高低的重要标志。其数值的大小，分别标刻在物镜和聚光器的外壳上，是物体与物镜间媒质的折射率（n）和物镜孔径角（u）半数的正弦之乘积。用公式表示如下：

$$NA=n\sin u/2 \tag{1-1}$$

它与分辨率成正比，与放大率成正比，与焦深成反比，NA 值增大，视场宽度与工作距离都会相应地变小。

（2）分辨率

显微镜的分辨率是指能被显微镜清晰区分的两个物点的最小间距，又称"鉴别率"。其计算公式如下：

$$\sigma=\lambda/NA \tag{1-2}$$

式中　σ——最小分辨距离；

　　　λ——光线的波长。

可见物镜的分辨率是由物镜的 NA 值与照明光源的波长两个因素决定的。根据公式可知，在物镜数值孔径不变的条件下，要提高物镜的分辨率，可通过两条途径：①采用短波光源；②加大物镜数值孔径。

（3）放大率

普通光学显微镜利用物镜和目镜来放大图像，采用普通光学显微镜观察标本时，标本先被物镜第一次放大，再被目镜第二次放大。所谓放大率就是物镜放大倍数与目镜放大倍数的乘积。

（4）焦深

焦深为焦点深度的简称，即在使用显微镜时，当焦点对准某一物体时，不仅位于该点平面上的各点都可以看清楚，而且在此平面的上面一定厚度内，也能看得清楚，这个清楚部分的厚度就是焦深。焦深大，可以看到被检物体的全层，而焦深小，则只能看到被检物体的一薄层。

3. 光学显微镜的操作

低倍镜的操作：

（1）置显微镜于固定的桌上，窗外不宜有障碍视线之物。

（2）旋动转换器，将低倍物镜移到镜筒正下方，和镜筒对直。

（3）转动反光镜向着光源处，同时用眼对准目镜（选用适当放大倍数的目镜）仔细观察，使视野亮度均匀。

（4）将标本片放在载物台上，使观察的目的物置于圆孔的正中央。

（5）将粗调节器向下旋转，眼睛注视物镜，以防物镜和载玻片相碰。当物镜的尖端距载玻片约 0.5cm 处时停止旋转。

（6）左眼向目镜里观察，将粗调节器向上旋转，如果见到目的物，但不十分清楚，可用细调节器调节，至目的物清晰为止。

（7）如果粗调节器旋得太快，使超过焦点，必须从第五步重调，不应在正视目镜情况下调粗调节器，以防没把握的旋转使物镜与载玻片相碰撞坏。

高倍镜的操作：

（1）使用高倍镜前，先用低倍镜观察，发现目的物后将它移至视野正中央。

（2）旋动转换器换高倍镜，如果高倍镜触及载玻片应立即停止旋动，说明原来低倍镜就没有调准焦距，目的物并没有找到，要用低倍镜重调。如果调对了，换高倍镜时基本可以看到目的物。若有点模糊，用细调节器调就会清晰可见。

四、实验结果

绘制所观察的微生物标本图。

实验二　微生物大小与数量的测定

一、实验目的

（1）学会测微尺的使用和微生物大小的测量方法。

（2）学会血球计数板的使用和微生物数量的测定方法。

二、实验仪器

光学显微镜、物镜测微尺、目镜测微尺、血球计数板、生物标本、大肠杆菌等。

三、实验步骤

1. 微生物大小的测量

目镜测微尺：是一块圆形玻片，其中央刻有精确的刻度，通常是将 5mm 划分为 50 格，实际每格等于 $100\mu m$。刻度的大小随着使用的目镜和物镜的放大倍数而改变，用前必须用物镜测微尺来标定。

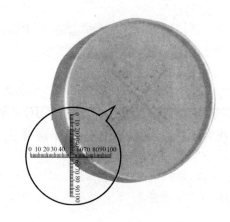

物镜测微尺：为一块特制的载玻片，其中央有一小圆圈。圆圈内刻有分度，将长 1mm 的直线等分为 100 小格，每小格等于 $10\mu m$。

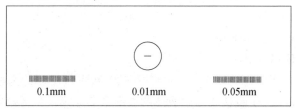

测定方法：

（1）目镜测微尺的标定：将物镜测微尺置于显微镜的载物台上，使有刻度的一面朝上，同观察标本一样，使具有刻度的小圆圈位于视野中央。先用低倍镜观察，对准焦距，待看清物镜测微尺的刻度后，转动目镜，使目镜测微尺的刻度与物镜测微尺的刻度相平行，并使两尺的左边第一条线相重合，再向右寻找两尺的另外一条重合线。记录两条重合线间的目镜测微尺的格数和物镜测微尺的格数。

（2）目镜测微尺每格长度＝两个重叠刻度间物镜测微尺格数×10/两个重叠刻度间目镜测微尺格数；如此测定后的目镜测微尺的尺度，仅适用于测定时所用的显微镜的目镜和物镜的放大倍数，若更换物镜、目镜的放大倍数时，必须再进行校正标定。

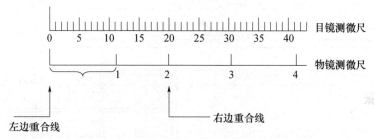

目镜测微尺与物镜测微尺校准

上图目镜测微尺每格长度＝2×10/20＝1μm

（3）将物镜测微尺取下，换上待测标本，先找到目的物，然后用目镜测微尺测量菌体的大小。先量出菌体的长和宽占目镜测微尺的格数，再以目镜测微尺每格的长度计算出菌体的长和宽。

2. 微生物数量的测定

血球计数板由一块比普通载玻片厚的特制玻片制成。玻片中央刻有四条槽，中央两条槽之间的平面比其他平面略低，中央有一个小槽，槽的两边的平面上各刻有 9 个大方格。中间的一个大方格为计数室，它的长和宽各为 1mm，深度为 0.1mm，其体积为 0.1mm³。计数室有两种规格：一种是把大方格分成 16 中格，每一中格分成 25 小格，共 400 小格；另一种规格是把一大方格分成 25 中格，每一中格分成 16 小格，总共也是 400 小格。计算方法如下：

（1）16×25 的计数板的计算公式

细胞数/mL＝（100 小格内的细胞数/100）×400×1000×稀释倍数

（2）25×16 的计数板的计算公式

细胞数/mL＝（80 小格内的细胞数/80）×400×1000×稀释倍数

操作方法：

（1）清洗血球计数板，自然干燥。

（2）用蒸馏水适当稀释待测菌液。

（3）将菌悬液摇匀，用滴管吸取少许，从计数板中间平台两侧的沟槽内沿盖玻片的下边缘滴入一小滴（不宜过多），让菌悬液利用液体的表面张力充满计数区，勿使气泡产生，并用吸水纸吸去沟槽中流出的多余菌悬液。也可以将菌悬液直接滴加在计数区上（不要使计数区两边平台沾上菌悬液，以免加盖盖玻片后，造成计数区深度的升高），然后加盖盖玻片（勿使产生气泡）。

（4）将血球计数板置载物台上夹稳，先在低倍镜下找到计数区，再转换高倍镜观察并计数。

（5）计数时若计数区由 16 个中方格组成，按对角线方位，数左上、左下、右上、右下的 4 个中方格（即 100 小格）的菌数。如为 25 个中方格组成的计数区，除数上述 4 个大方格

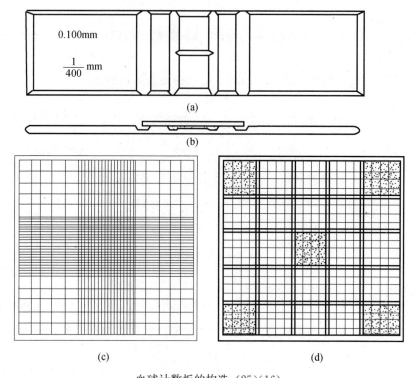

血球计数板的构造（25×16）

（a）顶面观；（b）侧面观；（c）放大后的网格；（d）放大后的计数室

外，还需数中央 1 个大方格的菌数（即 80 个小格）。

（6）如菌体位于大方格的双线上，计数时则数上线不数下线，数左线不数右线，以减少误差。

（7）根据公式计算 1mL 菌悬液中细胞数。

（8）清洗血球计数板。

四、实验结果

（1）测量标本的长和宽。

（2）给定菌液的计数。

五、思考题

测量过程中的误差主要来自哪些方面？如何尽量减小误差？

实验三　微生物的染色

一、实验目的

学习微生物的染色原理、染色的基本操作技术，从而掌握微生物的一般染色法和革兰氏染色法。

二、染色原理

微生物（尤其是细菌）的机体是无色透明的，在显微镜下，由于光源是自然光，使微生物体与其背景反差小，不易看清微生物的形态和结构，若增加其反差，微生物的形态就可看得清楚。通常用染料将菌体染上颜色以增加反差，便于观察。

微生物细胞是由蛋白质、核酸等两性电解质及其他化合物组成的。所以，微生物细胞表现出两性电解质的性质。两性电解质兼有碱性基和酸性基，在酸性溶液中离解出碱性基，呈碱性带正电；在碱性溶液中离解出酸性基，呈酸性带负电。经设定，细菌的等电点在pH=2～5之间，故细菌在中性（pH=7）、碱性（pH>7）或偏酸性（pH=6～7）的溶液中，细菌的等电点均低于上述溶液的pH值，所以细菌带负电、容易与带正电荷的碱性染料结合，故用碱性染料染色的为多。碱性染料有美蓝、甲基紫、结晶紫、龙胆紫、碱性品红、中性红、孔雀绿和蕃红等。

微生物体内各结构与染料结合力不同，故可用各种染料分别对微生物的各结构染色，以便观察。

三、染色方法

有简单染色法和复染色法之分。

1. 简单染色法

简单染色法又叫普通染色法，只用一种染料使细菌染上颜色，如果仅为了在显微镜下看清细菌的形态，用简单染色即可。

2. 复染色法

用两种或多种染料染细菌，目的是为了鉴别不同性质的细菌，所以又叫鉴别染色法。主要的复染色法有革兰氏染色法和抗酸性染色法。抗酸性染色法多在医学上采用。

革兰氏染色法是细菌中很重要的一个鉴别染色法。它可将细菌区别为革兰氏阳性菌和革兰氏阴性菌两大类。它的染色步骤为：先用草酸晶紫染色，经碘-碘化钾（媒染剂）处理后用乙醇脱色，最后用蕃红液复染。如果细菌能保持草酸铵结晶紫与碘的复合物而不被乙醇脱色，用蕃红复染后仍呈紫色者叫革兰氏阳性菌。被乙醇脱色用蕃红液复染后呈红色者为革兰氏阴性菌。

四、仪器和材料

显微镜、二甲苯、擦镜纸、吸水纸、载玻片、草酸铵结晶紫染液、乙醇、蕃红染液、革氏碘液、大肠杆菌。

五、实验步骤

1. 涂片

用玻璃棒沾一滴菌液于载玻片上，涂成1cm左右圆形。涂片一定要薄，否则镜检时看菌体没分开堆积在一起，效果很差。

根据菌种的形态不同，涂片的方式也不同。对于固基菌种，要先在载玻片中央滴一滴无菌水，然后用灭菌后的接种环挑取少量菌种与载玻片上的水滴混匀后，在载玻片上涂布成一均匀的薄层。对于半固基也需要滴一滴无菌水。而对于液菌，可直接用玻璃棒沾一滴菌液涂布即可。

2. 干燥

最好在空气中自然晾干，为了加速干燥，可以在微小火焰上烘干。但不宜在高温下长时间烤干，否则急速失水会使菌体变形。

3. 固定

将已干燥的涂片正面向上，在微小的火焰上通过 2～3 次，由于加热使蛋白质凝固而固着在载玻片上。

4. 染色

在载玻片上滴加染色液（草酸铵结晶紫），使染液铺盖涂有细菌的部位，时间约 1min。

5. 水洗

倾去染液，斜置载玻片，在自来水龙头下用小股水流冲洗，直到水呈无色为止。

6. 吸干

将载玻片倾斜，用吸水纸吸去涂片边缘的水珠（注意勿将细菌擦掉）。

7. 镜检

用显微镜观察，并用铅笔绘出细菌形态图。

以上操作为简单染色。

8. 复染（革兰氏染色法）

步骤：涂片—干燥—固定—草酸铵结晶紫—水洗—媒染（革氏碘液 1min）—水洗—脱色（95％乙醇）—复染（番红 1min）—水洗—吸干—镜检。

六、实验结果

绘出染色后细菌形态图，且标明颜色。判断大肠杆菌革兰氏染色反应性。

实验四　培养基的制备、纯菌种的分离、培养和接种技术

一、实验目的
(1) 熟悉玻璃器皿的洗涤和灭菌前的准备工作。
(2) 掌握培养基和无菌水的制备方法。
(3) 掌握高压蒸气灭菌技术。
(4) 掌握从环境中分离培养细菌的方法，掌握几种接种技术。

二、仪器与材料
培养皿 5 套/组、试管 5 支/组、锥形瓶 2 个/组、烧杯 2 个/组、移液管数支/组、纱布、棉花、报纸、pH 试纸、10% NaOH 溶液、牛肉膏、蛋白胨、氯化钠、琼脂、蒸馏水、高压蒸汽灭菌锅、烘箱、酒精灯、接种环等。

三、实验步骤

1. 培养基的制备与灭菌
(1) 洗涤

玻璃器皿在使用前必须洗涤干净。洗刷干净的玻璃器皿放入烘箱烘干备用。

(2) 包装

① 移液管的吸端用细铁丝将少许棉花塞入构成 1～1.5cm 长的棉（以防细菌吸入口中，并避免将口中细菌吹入管内）。棉塞要松紧适宜，吸时既能通气，又不致使棉花滑入管内。将塞好棉花的移液管的尖端，放在 4～5cm 宽的长纸条的一端，移液管与纸条约成 30°夹角，折叠包装纸条包住移液管的尖端，用左手将移液管压紧，在桌面上向前搓转，纸条螺旋式地包在移液管外面，余上纸头折叠打结，包装好后待灭菌。

② 用棉塞将试管管口和锥形瓶瓶口部塞住。

③ 培养皿用报纸包好待灭菌。

(3) 培养基的制备

① 培养基配方

牛肉膏 0.75g，蛋白胨 1.5g，氯化钠 0.75g，琼脂粉 3g，蒸馏水 150mL，pH＝7.6。

② 操作

取一个 300mL 的烧杯，装入 150mL 的蒸馏水，然后依次称取各成分放入水中加热溶解，待琼脂完全融化后停止加热，补足蒸发损失的水量，然后用 NaOH 调整 pH 值到 7.6，最后将培养基倒入锥形瓶并塞上棉塞，包扎好等待灭菌。

(4) 无菌稀释水的制备

① 取一个 250mL 的锥形瓶装 90mL 的蒸馏水，塞棉塞，包扎待灭菌。

② 另取 5 支试管，分别装 9mL 蒸馏水，塞棉塞，包扎待灭菌。

(5) 灭菌

灭菌是用物理、化学因素杀死全部微生物的营养细胞和它们的芽孢。灭菌的方法很多，有过滤除菌法、化学药品消毒灭菌法、高温、紫外和超声波等灭菌法。加热灭菌法有两种：干热灭菌和高压蒸汽灭菌法，本实验采用高压蒸汽灭菌法。

高压蒸汽灭菌法使用高压灭菌锅。高压灭菌锅是能耐一定压力的密闭金属锅，有立式和

卧式两种。

2. 灭菌的操作过程

（1）加水：立式锅是直接加水到锅内底部隔板以下 1/3 处。有加水口者由加水口加水至止水线处。

（2）装锅：把需要灭菌的器物放入锅内（请注意：器物不要装得太满，否则灭菌不彻底），关严锅盖，打开排气阀。

（3）点火：用电源的则启动开关。

（4）关闭排气阀：待锅内水沸腾后，蒸汽将锅内冷空气驱净，则关排气阀。

（5）升压、升温：关闭排气阀以后，锅内成为密闭系统，蒸汽不断增多，压力计和温度计指针上升，当压力达到 1.05kg/cm^2 时即灭菌开始。

（6）中断热源：达到灭菌时间后停止加热，任其自然降压，当指针回到零时，打开排气阀，揭开锅盖，取出器物待用。

3. 细菌纯种分离的操作方法

细菌纯种分离的方法有两种：稀释平板分离法和平板划线分离法。

（1）稀释平板分离法

① 取样

用无菌锥形瓶到现场取一定量的活性污泥（或土壤、湖水），迅速带回实验室。

② 稀释水样

将 1 瓶 90mL 和 5 管 9mL 的无菌水排列好，按 10^{-1}、10^{-2}、10^{-3}、10^{-4}、10^{-5} 和 10^{-6} 依次编号。在无菌操作条件下，用 10mL 的无菌移液管吸取 10mL 水样置于第一瓶 90mL 无菌水中，将移液管吹洗三次并摇匀即为 10^{-1} 浓度的菌液，用 1mL 无菌移液管吸取 1mL 10^{-1} 浓度的菌液于一管 90mL 无菌水中，将移液管吹洗三次，摇匀即为 10^{-2} 浓度菌液。同样方法，依次稀释到 10^{-6}。

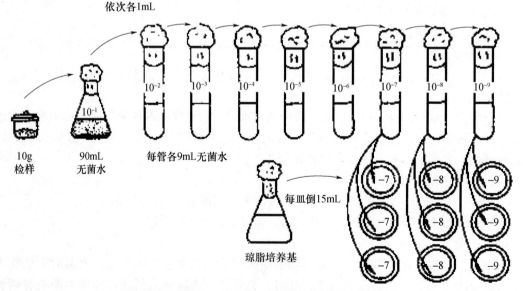

稀释平板测数法中样品的稀释和稀释液的取样培养图

③ 平板的制作

取 5 套无菌培养皿编号，选取稀释水样，取 1 支无菌移液管从浓度小的菌液开始，移取 0.5mL 菌液于相应编号的培养皿中，加热培养基，当其冷却到 45℃左右时，右手拿装有培养基的锥形瓶，左手拿培养皿，以中指、无名指和小指托住皿底，拇指和食指夹住皿盖，靠近火焰，将皿盖掀开，倒入培养基后将培养皿平放在桌上，顺时针和逆时针来回转动培养皿，使培养基和菌液充分混匀，冷凝后即成平板，倒置于 37℃培养箱培养，然后观察结果。

（2）平板划线分离法

① 平板的制作

将融化并冷却至 50℃的培养基倒入无菌培养皿内，使其凝固成平板。

② 操作

用接种环挑取一环活性污泥或土壤悬液，左手拿培养皿，中指、无名指和小指托住皿底，拇指和食指夹住皿盖，将培养皿稍倾斜，左手拇指和食指将皿盖掀开，右手将接种环伸入培养皿内，在平板上轻轻划线（切勿划破培养基）。划线完毕后盖好皿盖，倒置于 37℃培养箱培养，然后观察结果。

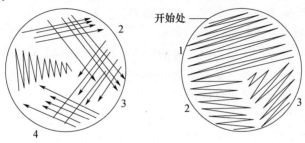

四、实验结果

对比培养结果并进行讨论。

五、思考题

（1）培养基是根据什么原理配制成？本实验配制的培养基中各成分各起什么作用？

（2）分离活性污泥为什么要稀释？

（3）用一根无菌移液管接种几种浓度的水样时，应从哪个浓度开始？为什么？

实验五 天然水硬度的测定

一、实验目的

(1) 了解天然水的硬度的测定意义和常用的硬度表示方法。

(2) 掌握 EDTA 法测定水的硬度的原理和方法。

二、实验原理

水的硬度主要是由于水中含有钙盐和镁盐，其他金属离子如铁、铝、锰、锌等离子也导致硬度形成，但一般含量甚少，测定工业用水总硬度时可忽略不计。由镁盐形成的硬度为镁硬，由钙盐形成的硬度为钙硬，二者之和即为总硬。水中钙、镁离子含量，可用 EDTA 配位滴定法测定，用乙二胺四乙酸二钠盐（EDTA）溶液滴定水中 Ca、Mg 总量，然后换算为相应的硬度单位。

总硬度的测定原理：水样中加入氨性缓冲溶液，加入铬黑 T 指示剂，钙、镁离子与铬黑 T 络合形成酒红色配合物，用 EDTA 滴定，随着 EDTA 的加入，铬黑 T 逐渐被游离出来，溶液就由酒红色变成铬黑 T 的蓝色，即为滴定终点。

钙硬度的测定原理：水样在强碱性（pH＞12.5）条件下，使镁离子生成氢氧化镁沉淀后，加入钙红指示剂，钙红指示剂与钙形成酒红色络合物，用 EDTA 溶液滴定，EDTA 就单独与钙形成更稳定的无色络合物，从而溶液就从酒红色变为蓝色，即为终点。

镁硬度的测定：由总硬度减去钙硬度。

三、仪器与药品

1. 玻璃仪器

(1) 100mL 量筒

(2) 250mL 锥形瓶

(3) 50mL 酸式滴定管

(4) 铁架台

(5) 蝴蝶夹

(6) 0.001g 感量天平

2. 药品

(1) 0.02mol/L EDTA 标准溶液：称取乙二胺四乙酸二钠 7.6g，溶解于 300～400mL 温水中，稀释至 1000mL，摇匀，如混浊应过滤。

(2) NH_3-NH_4Cl 缓冲溶液（pH≈10）：将 54gNH_4Cl 溶于水中，加浓氨水 350mL，稀释到 1000mL。

(3) 100g/L 氢氧化钠溶液：将 100g 氢氧化钠溶于水，稀释至 1000mL。

(4) 铬黑 T 指示剂：将 1g 铬黑 T 与 100gNaCl 研细，混匀（1∶100）。

(5) 钙指示剂：将 0.5g 钙红与 100gNaCl 研细，混匀。

四、实验步骤

(1) 总硬度的测定：量取澄清的水样 100mL，放入到 250mL 锥形瓶中，加入 5mL NH_3-NH_4Cl 缓冲溶液，摇匀。再加入约 0.01g 铬黑 T 固体指示剂，再摇匀，此时溶液呈酒红色，以 0.02mol/L EDTA 标准溶液滴定至纯蓝色，即为终点，记录 EDTA 标准溶液的用量 $V_总$。

（2）钙硬度的测定：量取澄清的水样 100mL，放入到 250mL 锥形瓶中，加入 4mL100g/L 氢氧化钠溶液，摇匀。再加入约 0.01g 钙指示剂，摇匀，此时溶液呈淡红色。以 0.02mol/L EDTA 标准溶液滴定至纯蓝色，即为终点，记录 EDTA 标准溶液的用量 $V_{钙}$。

（3）镁硬度的确定：由总硬度减去钙硬度即得镁硬度。

五、数据处理

$$硬度（°）=\frac{C_{EDTA} \times V_{EDTA} \times \frac{M_{CaO}}{1000}}{V_{水}} \times 10^5 \tag{5-1}$$

式中　C_{EDTA}——EDTA 标准溶液的浓度（mol/L）；

$\quad\quad$ V_{EDTA}——滴定时用去的 EDTA 标准溶液的体积（mL）（若此量为滴定总硬度时所耗用的，则所得硬度为总硬度；若此量为滴定钙硬度时所耗用的，则所得硬度为钙硬度）；

$\quad\quad$ $V_{水}$——水样体积（mL）；

$\quad\quad$ M_{CaO}——CaO 的摩尔质量（g/mol）。

六、思考题

（1）用 EDTA 法测定水的硬度时，哪些离子的存在有干扰？如何消除？

（2）用 EDTA 法测定水的硬度时，对 pH 值如何控制？

实验六　水中溶解氧（DO）的测定

方法一：碘量法

一、实验目的

（1）掌握水中溶解氧的测定原理与技术。

（2）了解修正碘量法测定溶解氧的操作。

二、实验原理

水样中加入硫酸锰和碱性碘化钾，水中的溶解氧将低价锰氧化成高价锰，生成四价锰的氢氧化物棕色沉淀。加酸后，氢氧化物沉淀溶解并与碘离子反应而释放出游离碘。以淀粉作指示剂，用硫代硫酸钠滴定释放出的碘，可计算溶解氧的含量。

反应方程式如下：

$$Mn^{2+} + 2OH^- \longrightarrow Mn(OH)_2$$

$$Mn(OH)_2 + 1/2O_2 \longrightarrow MnO(OH)_2$$

$$MnO(OH)_2 + 2I^- + 4H^+ \longrightarrow Mn^{2+} + I_2 + 3H_2O$$

$$I_2 + 2Na_2S_2O_3 \longrightarrow Na_2S_4O_6 + 2NaI$$

三、实验仪器与药品

1. 仪器

（1）250mL 或 300mL 溶解氧瓶

（2）酸式滴定管

2. 药品

（1）硫酸锰溶液：称取 480g 硫酸锰（$MnSO_4 \cdot 4H_2O$）或 364g$MnSO_4 \cdot H_2O$ 溶于水，用水稀释至 1000mL。此溶液加入酸化过的碘化钾溶液中，遇淀粉不得产生蓝色。

（2）碱性碘化钾溶液：称取 500g 氢氧化钠溶解于 300～400mL 水中，另称 150g 碘化钾（或 135gNaI）溶于 200mL 水中，待氢氧化钠冷却后，将两溶液合并，混匀，用水稀释至 1000mL。如有沉淀，则放置过夜后，倾出上清液，贮于棕色瓶中。用橡皮塞塞紧，避光保存。此溶液酸化后，遇淀粉不呈蓝色。

（3）1＋5 硫酸溶液

（4）1‰淀粉溶液：称取 1g 可溶性淀粉，用少量水调成糊状，再用刚煮沸的水冲稀至 100mL。冷却后，加入 0.1g 水杨酸或 0.4g 氯化锌防腐。

（5）0.0250mol/L 重铬酸钾标准溶液：称取于 105～110℃烘干 2h 并冷却的重铬酸钾 1.2258g，溶于水，移入 1000mL 容量瓶中，用水稀释至标线，摇匀。

（6）硫代硫酸钠溶液：称取 6.2g 硫代硫酸钠（$Na_2S_2O_3 \cdot 5H_2O$）溶于煮沸放冷的水中，加入 0.2g 碳酸钠，用水稀释至 1000mL。贮于棕色瓶中，使用前用 0.0250mol/L 的重铬酸钾标准溶液标定，标定方法如下：

于 250mL 碘量瓶中，加入 100mL 水和 1g 碘化钾，加入 10mL0.0250mol/L 重铬酸钾标准溶液，5mL1+5 硫酸溶液密塞，摇匀。于暗处静置 5min 后，用待标定的硫代硫酸钠溶液滴定至溶液呈淡黄色，加入 1mL 淀粉溶液，继续滴定至蓝色刚好褪去为止，记录用量。

$$M = \frac{10.00 \times 0.0250}{V} \tag{6-1}$$

式中　M——硫代硫酸钠的浓度（mol/L）；

　　　V——滴定时消耗硫代硫酸钠溶液的体积（mL）。

（7）硫酸：$\rho = 1.84$

四、实验步骤

1. 溶解氧的固定

用吸管插入溶解氧瓶的液面下，加入 1mL 硫酸锰溶液、2mL 碱性碘化钾溶液，盖好瓶塞，颠倒混合数次，静置。待棕色沉淀物降至瓶内的一半时，再颠倒混合一次，待沉淀下降到瓶底。一般在取样现场固定。

2. 吸出碘

轻轻打开瓶塞，立即用吸管插入液面下加入 2mL 硫酸。小心盖好瓶塞，颠倒混合摇匀，至沉淀物全部溶解为止，放置暗处 5min。

3. 滴定

吸取 100mL 上述溶液于 250mL 锥形瓶中，用硫代硫酸钠溶液滴定至溶液呈淡黄色，加入 1mL 淀粉溶液，继续滴定至蓝色刚好褪去为止，记录硫代硫酸钠用量。

五、数据处理

$$溶解氧（O_2，mg/L）= \frac{M \times V \times 8 \times 1000}{100} \tag{6-2}$$

式中　M——硫代硫酸钠浓度（mol/L）；

　　　V——滴定时消耗硫代硫酸钠标准溶液体积（mL）。

六、思考题

（1）写出碘量法测定水中溶解氧主要化学反应方程式与测定过程框图。

（2）测定水中溶解氧对采样有何要求？

（3）各种修正法的适用条件是什么？

七、注意事项

（1）用碘量法测定水中的溶解氧，采集水样时，要注意不使水样曝气或有气泡残存在采样瓶中。可用水样冲洗溶解氧瓶后，用虹吸法将吸管插入溶解氧瓶底部，注入水样。水样采集后，应立即进行溶解氧的固定，并存于冷暗处。

（2）碘量法测溶解氧可直接用于洁净水体的测定。当水样亚硝酸盐氮含量高于 0.05mg/L，二价铁低于 1mg/L 时，采用叠氮化钠修正法；水样中二价铁高于 1mg/L 时，采用高锰酸钾修正法；水样有色或有悬浮物，采用明矾絮凝修正法；含有活性污泥悬浊物的水样，采用硫酸铜-氨基磺酸絮凝修正法。

方法二：膜电极法

一、实验目的

（1）掌握水中溶解氧的测定原理及技术。

（2）掌握溶解氧仪的使用方法，了解膜电极法测定溶解氧的操作。

二、实验原理

溶解氧测定仪由主机和氧电极组成。氧电极（亦称氧敏感膜电极）由两个与支持电解质（本实验使用的仪器使用的电解质为内充液——0.5mol/L 的 KCl）相接触的金属（本实验仪器为 Ag-AgCl，Pt）电极及选择性薄膜（亦称氧膜）组成。

氧膜只能透过氧和其他气体，水和可溶性物质不能透过。透过氧膜的氧气在电极上还原，产生微弱的扩散电流，在一定的温度下，其大小和水样中溶解氧含量成正比。因此，定量测定出此扩散电流即可测定水样中的溶解氧值。

电极法的测定下限取决于所用的仪器，一般适用于溶解氧大于 0.1mg/L 的水样。水样中含有色、可与碘反应的有机物，不宜用碘量法及其修正法测定时，可用电极法。但水样中含有氯、二氧化硫、碘、溴的气体或蒸汽，可能干扰测定，需要经常更换薄膜或校准电极。

三、实验仪器与药品

1. 仪器

（1）溶解氧测定仪

（2）温度计

2. 药品

（1）亚硫酸钠

（2）二价钴盐（$CoCl_2 \cdot 6H_2O$）

四、实验步骤

1. 溶解氧的标定

旋下溶解氧测定仪的电极保护套，旋上电极测试套。按下主机电源、测温键，测水样温度。提起氧电极，轻轻甩去电极测试端水分，将电极测试端垂直放在水面上方约 0.5～1cm 处，按测氧键，待显示值稳定后调节"标定"旋钮，使显示值与此温度下饱和溶解氧值一致。

2. 溶解氧的测定

将已标定的氧电极浸于被测水样中，浸入水样的深度约为 3.5～5cm，轻轻往返牵动氧电极信号连接线，待仪器显示值稳定后，即为水样的溶解氧数值。

五、注意事项

（1）不能用手触摸薄膜表面。

（2）更换电解质和膜后，或膜干燥时，要使膜湿润，待读数稳定后再进行校准。

（3）如水中含有藻类、硫化物、碳酸盐等物质，长期与电极接触可能使膜堵塞或损坏。

不同温度下水中的饱和溶解氧，如下表所示。

温度（℃）	溶解氧（mg/L）	温度（℃）	溶解氧（mg/L）	温度（℃）	溶解氧（mg/L）
0	14.60	17	9.65	34	7.05
1	14.19	18	9.45	35	6.93
2	13.81	19	9.26	36	6.82
3	13.44	20	9.07	37	6.71
4	13.09	21	8.90	38	6.61
5	12.75	22	8.72	39	6.51
6	12.43	23	8.56	40	6.41
7	12.12	24	8.40	41	6.31
8	11.83	25	8.24	42	6.22
9	11.55	26	8.09	43	6.13
10	11.27	27	7.95	44	6.04
11	11.01	28	7.81	45	5.95
12	10.76	29	7.67	46	5.86
13	10.52	30	7.54	47	5.78
14	10.29	31	7.41	48	5.70
15	10.07	32	7.28	49	5.62
16	9.85	33	7.16	50	5.54

实验七 氨氮的测定

一、实验目的

（1）掌握滴定法测水体中氨氮含量的原理和方法。

（2）了解测定水体中氨氮含量的意义。

二、实验原理

氨氮的测定方法，通常有纳氏比色法、苯酚-次氯酸盐（或水杨酸-次氯酸盐）比色法和电极法等。纳氏试剂比色法具有操作简便、灵敏等特点，水中钙、镁和铁等金属离子、硫化物、醛和酮类、颜色以及浑浊等均干扰测定，需作相应的预处理。苯酚-次氯酸盐比色法具有灵敏、稳定等优点，干扰情况和消除方法同纳氏试剂比色法。电极法通常不需对水样进行预处理和具有测量范围宽等优点。氨氮含量高时，尚可采用蒸馏-酸滴定法。

本实验采用滴定法测定水体中的氨氮，该法仅适用于已进行蒸馏预处理的水样。调节水样至 pH 值在 6.0～7.4 范围，加入氧化镁使呈微碱性。加热蒸馏，释放出的氨被吸收入硼酸溶液中，以甲基红-亚甲基蓝为指示剂，用酸标准溶液滴定馏出液中的氨。

当水样中含有在此条件下，可被蒸馏出在滴定时能与酸反应的物质，如挥发性胺类等，则将使测定结果偏高。

三、实验仪器与药品

1. 仪器

带氮球的定氮装置：500mL 凯氏烧瓶、氮球、直形冷凝管和导管。

2. 药品

（1）无氨水：用蒸馏法或离子交换法制备

① 蒸馏法

每升蒸馏水中加 0.1mL 硫酸，在全玻璃蒸馏器中重蒸馏，弃去 50mL 初馏液，接取其余馏出液于具塞磨口的玻璃瓶中，密封保存。

② 离子交换法

使蒸馏水通过强酸性阳离子交换树脂。

（2）1mol/L 的盐酸溶液

（3）1mol/L 的氢氧化钠溶液

（4）轻质氧化镁：将氧化镁在 500℃下加热，以除去碳酸盐。

（5）0.05％溴百里酚蓝指示液（pH＝6.0～7.6）

（6）2％硼酸吸收液：称取 20g 硼酸溶于水，稀释至 1L。

（7）混合指示液：称取 200mg 甲基红溶于 100mL95％乙醇；另取 100mg 亚甲基蓝溶于 50mL95％乙醇。以 2 份甲基红溶液与 1 份亚甲基蓝溶液混合后供用。混合液 1 个月配制 1 次。

（8）硫酸标准溶液：分取 5.6mL（1＋9）硫酸溶液于 1000mL 容量瓶中，稀释至标线，混匀。按下述操作进行标定：

称取经 180℃干燥 2h 的基准试剂级无水碳酸钠约 0.5g（称准至 0.0001g），溶于新煮沸放冷的水中，移入 500mL 容量瓶中，稀释至标线。移取 25.00mL 碳酸钠溶液于 150mL 锥形瓶中，加25mL水，加1滴0.05％甲基橙指示液，用硫酸溶液滴定至淡红色为止。记录用量，用下式计算硫酸溶液的浓度：

$$硫酸溶液浓度（mol/L）=\frac{W\times1000}{V\times52.95}\times\frac{25}{500} \tag{7-1}$$

式中　W——碳酸钠的质量（g）；

　　　V——硫酸溶液的体积（mL）。

（9）0.05％甲基橙指示液

四、实验步骤

1. 预蒸馏

（1）蒸馏装置的预处理：加250mL水于凯氏烧瓶中，加0.25g轻质氧化镁和数粒玻璃珠，加热蒸馏，至馏出液不含氨为止，弃去瓶内残液。

（2）分取250mL水样（如含氨氮含量较高，可分取适量并加水至250mL，使氨氮含量不超过2.5mg），移入凯氏瓶中，加数滴溴百里酚蓝指示液，用氢氧化钠或盐酸溶液调节至pH=7左右。加入0.25g轻质氧化镁和数粒玻璃珠，立即连接氮球和冷凝管，导管下端插入装有50mL硼酸吸收液的吸收瓶的液面以下。加热蒸馏，至馏出液达200mL时，停止蒸馏，定容至250mL。

2. 水样的测定

于全部经蒸馏预处理、以硼酸溶液为吸收液的馏出液中，加2滴混合指示液，用0.020mol/L硫酸溶液滴定至绿色转变到淡紫色为止，记录用量。

3. 空白实验

以无氨水代替水样，同样全程序步骤进行测定。

五、数据处理

计算

$$氨氮（N，mg/L）=\frac{(A-B)\times M\times14\times1000}{V} \tag{7-2}$$

式中　A——滴定水样时消耗硫酸溶液体积（mL）；

　　　B——空白实验消耗硫酸溶液体积（mL）；

　　　M——硫酸溶液浓度（mol/L）；

　　　V——水样体积（mL）；

　　　14——氨氮的摩尔质量（g/mol）。

六、思考题

（1）测定水体中氨氮含量的意义有哪些？

（2）在预蒸馏过程中，要注意哪些问题？

七、注意事项

（1）蒸馏时应避免产生暴沸，否则可造成馏出液温度升高，氨吸收不完全。

（2）防止在蒸馏时产生泡沫，必要时可加入少许石蜡碎片于凯氏瓶中。

（3）水中如含余氯，则应加入适量0.35％硫代硫酸钠溶液，每0.5mL可除去0.25mg余氯。

（4）为使滴定终点明显，必要时可添加少量甲基红溶液或亚甲基蓝溶液于混合指示液中，以调节二者的比例至合适为止。

实验八　化学需氧量（COD）的测定

一、实验目的

（1）理解水中 COD 的测定原理。

（2）掌握重铬酸钾法和化学耗氧量测定仪测定水中 COD 的实验技术。

二、实验原理

重铬酸钾法测定 COD，是在强酸性溶液中，以一定量的重铬酸钾氧化水样中的还原性物质，过量的重铬酸钾以试亚铁灵作指示剂，用硫酸亚铁铵标液回滴。根据用量算出水样中还原性物质消耗氧的量。酸性重铬酸钾氧化性很强，可氧化大部分有机物，加入硫酸银作催化剂时，直链脂肪族化合物可完全被氧化，而芳香族有机物却不易被氧化，吡啶不被氧化，挥发性直链脂肪族化合物、苯等有机物存在于蒸汽相，不能与氧化剂液体接触，氧化不明显。氯离子能被重铬酸钾氧化，并且能与硫酸银作用产生沉淀，影响测定结果，故在回流前向水样中加入硫酸汞，使成为络合物以消除干扰。氯离子含量超过 2000mg/L 的样品应先作定量稀释，使含量降低至 2000mg/L 以下，再进行测定。

化学耗氧量测定仪采用密封催化消解法测定 COD 值。在强酸性溶液中，加入一定量重铬酸钾作氧化剂，在专用复合催化剂存在下，于 165℃恒温加热消解水样 10min，重铬酸钾被水样中有机物还原为三价铬离子，再根据三价铬离子的量换算出消耗氧的质量浓度。

三、实验仪器与药品

1. 仪器

（1）回流装置：带 250mL 锥形瓶的全玻璃回流装置

（2）电炉

（3）50mL 酸式滴定管

（4）HH-6 化学耗氧量测定仪

2. 药品

（1）重铬酸钾标准溶液（$1/6K_2Cr_2O_7 = 0.2500mol/L$）：称取预先在 120℃烘干 2 h 的基准或优级纯重铬酸钾 12.258g 溶于水中，移入 1000mL 容量瓶，稀释至标线，摇匀。

（2）试亚铁灵指示液：称取 1.458g 邻菲罗啉（$C_{12}H_8N_2 \cdot H_2O$），0.695g 硫酸亚铁（$FeSO_4 \cdot 7H_2O$）溶于水中，稀释至 100mL，贮于棕色瓶内。

（3）硫酸亚铁铵标准溶液 $[(NH_4)_2Fe(SO_4)_2 \cdot 6H_2O = 0.1mol/L]$：称取 39.5g 硫酸亚铁铵溶于水中，边搅拌边缓慢加入 20mL 浓硫酸，冷却后移入 1000mL 容量瓶中，加水稀释至标线，摇匀。使用前用重铬酸钾标准溶液标定。

标定方法：准确吸取 10.00mL 重铬酸钾标准溶液于 500mL 锥形瓶中，加水稀释至 110mL 左右，缓慢加入 30mL 浓硫酸，混匀。冷却后，加入 3 滴试亚铁灵指示液（约 0.15mL），用硫酸亚铁铵溶液滴定，溶液的颜色由黄色经蓝绿色至红褐色不褪即为终点。

$$C[(NH_4)_2Fe(SO_4)_2] = \frac{0.2500 \times 10.00}{V} \tag{8-1}$$

式中　C——硫酸亚铁铵标准溶液的浓度（mol/L）；

　　　V——硫酸亚铁铵标准溶液的用量（mL）。

（4）硫酸-硫酸银溶液：于 1000mL 浓硫酸中加入 10g 硫酸银。放置 1～2d，不时摇动使其溶解。

（5）硫酸汞溶液：称取 4g 硫酸汞于 50mL 烧杯中，加入 20mL3mol/L 的硫酸，稍加热使其溶解，移入滴瓶中备用。

四、实验步骤

1. 水样测定

（1）取 20.00mL 混合均匀的水样置于 250mL 磨口的回流锥形瓶中，准确加入 10.00mL 重铬酸钾标准溶液及数粒玻璃珠或沸石，连接磨口回流冷凝管，从冷凝管上口慢慢加入 30mL 硫酸-硫酸银溶液。废水中的氯离子含量超过 30mg/L 时，加入 1～2 滴硫酸汞溶液。轻轻摇动锥形瓶使溶液混匀，加热回流 2h。

（2）停止加热，待冷却后用 90mL 水冲洗冷凝管，取下锥形瓶。溶液总体积不得少于 140mL，否则因酸度太大，滴定终点不明显。

（3）溶液再度冷却后，加 3 滴试亚铁灵指示液，用硫酸亚铁铵标准溶液滴定，溶液的颜色由黄色经蓝绿色至红褐色即为终点，记录硫酸亚铁铵标准溶液的用量 V_1（mL）。

2. 空白值的测定

以蒸馏水代替水样，其余测定步骤同，记录硫酸亚铁铵标准溶液的用量 V_0（mL）。

五、数据处理

$$\text{CODCr}（O_2，\text{mg/L}）=\frac{(V_0-V)\times C\times 8\times 1000}{V} \tag{8-2}$$

式中　C——硫酸亚铁铵标准溶液的浓度（mg/L）；

　　　V_0——滴定空白样时硫酸亚铁铵标准溶液的用量（mL）；

　　　V_1——滴定水样时硫酸亚铁铵标准溶液的用量（mL）；

　　　V——水样的体积（mL）；

　　　8——氧（$1/2O_2$）的摩尔质量（g/mol）。

六、思考题

（1）写出本实验的主要化学反应和实验过程框图。

（2）硫酸银在本实验中的作用是什么？

（3）为什么要测定空白值？

七、注意事项

（1）使用 0.4g 硫酸汞络合氯离子的最高量可达 40mg，如取用 20.00mL 水样，即最高可络合 2000mg/L 的氯离子浓度的水样。若氯离子浓度较低，亦可少加硫酸汞，使保持硫酸汞：氯离子＝10：1（$W：W$）。若出现少量氯化汞沉淀，并不影响测定。

（2）水样取用体积可在 10.00～50.00mL 范围之间，但试剂用量及浓度需按下表进行相应调整，也可得到满意的结果。

水样取用量和试剂用量表

水样体积（mL）	0.2500mol/L $K_2Cr_2O_7$ 溶液（mL）	H_2SO_4-Ag_2SO_4 溶液（mL）	$HgSO_4$ 溶液（g）	$FeSO_4$-$(NH_4)_2SO_4$ 溶液（mol/L）	滴定前总体积（mL）
10.0	5.0	15	0.2	0.050	70

水样体积 （mL）	0.2500mol/L $K_2Cr_2O_7$ 溶液（mL）	H_2SO_4-Ag_2SO_4 溶液（mL）	$HgSO_4$ 溶液（g）	$FeSO_4$-$(NH_4)_2SO_4$ 溶液（mol/L）	滴定前总体积 （mL）
20.0	10.0	30	0.4	0.100	140
30.0	15.0	45	0.6	0.150	210
40.0	20.0	60	0.8	0.200	280
50.0	25.0	75	1.0	0.250	350

（3）对于化学需氧量小于 50mg/L 的水样，应改用 0.0250mol/L 的重铬酸钾标准溶液。回滴时用 0.01mol/L 的硫酸亚铁铵标准溶液。

（4）水样加热回流后，溶液中重铬酸钾剩余量应为加入量的 1/5～4/5 为宜。

（5）用邻苯二甲酸氢钾标准溶液检查试剂的质量和操作技术时，由于每克邻苯二甲酸氢钾的理论 CODCr 为 1.176g，所以溶解 0.4251g 邻苯二甲酸氢钾于重蒸馏水中，转入 1000mL 容量瓶，用重蒸馏水稀释至标线，使之成为 500mg/L 的 CODCr 标准溶液。用时新配。

（6）CODCr 的测定结果应保留三位有效数字。

（7）每次实验时，应对硫酸亚铁铵标准滴定溶液进行标定，室温较高时尤其应注意其浓度的变化。

实验九　大气中二氧化氮的测定

一、实验目的

(1) 掌握大气采样的方法。

(2) 掌握盐酸萘乙二比色法测定大气中 NO_2 的原理与技术。

二、实验原理

二氧化氮被吸收液吸收后，生成亚硝酸，与对氨基苯磺酸起重氮反应，再与盐酸萘乙二胺偶合，生成玫瑰红色偶氮染料。根据颜色的深浅，进行比色测定。

三、实验仪器与药品

1. 仪器

(1) 722 型分光光度计

(2) KC-6120 型大气综合采样器

(3) 多孔玻板吸收管

2. 药品

(1) 对氨基苯磺酸

(2) 冰醋酸

(3) 盐酸萘乙二胺

(4) 亚硝酸钠

四、实验步骤

1. 试剂配制

所有试剂均用不含亚硝酸盐的蒸馏水配制。检验方法：吸收液的吸光度不超过 0.005。

(1) 吸收液：称取 5.0g 对氨基苯磺酸于 200mL 烧杯中，将 50mL 冰醋酸与 900mL 水混合，分数次加入烧杯中，搅拌溶解，并迅速移于 1000mL 棕色容量瓶中，待对氨基苯磺酸完全溶解后，加 0.050g 盐酸萘乙二胺，溶解后，用水稀释至标线，此为吸收原液，贮于棕色瓶中，放在冰箱中可保存一个月。

采样用吸收液：按 4 份吸收原液和 1 份水的比例混合。

(2) 亚硝酸钠标准贮备液：称取 0.1500g 粒状亚硝酸钠，预先在干燥器内放置 24h 溶于水，移入 1000mL 容量瓶中，用水稀释至标线。此溶液含 $100\mu g/mL$ 亚硝酸根，贮于棕色瓶中保存于冰箱，可稳定三个月。

(3) 亚硝酸钠标准溶液：临用前，吸取 5.00mL 贮备液于 100mL 容量瓶中，用水稀释至标线。此溶液每毫升含 $5\mu g/mL$ 亚硝酸根。

2. 采样

用一个内装 5mL 采样吸收液的多孔吸收管，以 0.3L/min 流量收集二氧化氮气体。避光至吸收液呈玫瑰红色为止。如不变色，采气量应不少于 6L。

3. 测定

(1) 标准曲线的绘制

取 7 支 10mL 比色管，按下表配制标准色列：

标准色列

序号	0	1	2	3	4	5	6
NO_2 标准溶液（mL）	0	0.10	0.20	0.30	0.40	0.50	0.60
吸收液（mL）	4.00	4.00	4.00	4.00	4.00	4.00	4.00
水（mL）	1.00	0.90	0.80	0.70	0.60	0.50	0.40
NO_2 含量（μg）	0	0.5	1.0	1.5	2.0	2.5	3.0

摇匀，避开阳光直射，放置 15min，用 1cm 比色皿，于波长 540nm 处，以水为参比，测定吸光度。

用最小二乘法计算标准曲线的回归方程式：

$$y = ax + b \tag{9-1}$$

式中　y——（$A - A_0$），标准溶液吸光度（A）与试剂空白液（A_0）之差；

　　　x——NO_2 含量（μg）；

　　　a——回归方程的斜率；

　　　b——回归方程的截距。

（2）样品测定

采样后，放置 15min，将吸收液移入比色皿中，同标准曲线的绘制方法测定吸光度。

五、数据处理

$$二氧化氮（NO_2，mg/m^3）= \frac{(A - A_0) - b}{a \times V_r \times 0.76} \tag{9-2}$$

式中　A——样品的吸光度；

　　　A_0——试剂空白液吸光度；

　　　$1/a$——回归方程斜率的倒数，即单位吸光度对应的 NO_2 的毫克数；

　　　V_r——标准状态下的采样体积（L）；

　　　0.76——为 NO_2（气）转换成 NO_2（液）的系数。

六、思考题

（1）如果要测的是大气中的氮氧化物，应如何改进本实验？

（2）在本实验的最后计算中要将结果除以 0.76，这个 0.76 的意义是什么？有什么办法能保证测定结果的准确？

七、注意事项

（1）大气中二氧化硫浓度为二氧化氮浓度的 10 倍时，对二氧化氮的测定无干扰；30 倍时，使颜色有少许减退，但在城市环境大气中，较少遇到这种情况。臭氧浓度为二氧化氮浓度 5 倍时，对二氧化氮的测定略有干扰，在采样后 3h，使试液呈现微红色，影响较大。过氧乙酰硝酸酯使试剂显色而干扰，在一般环境大气中其浓度甚低，不会导致显著误差。

（2）配制吸收液时，应避免溶液在空气中长时间暴露，以防吸收空气氮氧化物。日光照射能使吸收液显色，因此在采样、运送及存放过程中，都应采取避光措施。

实验十　窑炉烟气分析

一、实验目的

(1) 了解化学式气体分析器的作用原理。

(2) 掌握烟气中 CO、CO_2、N_2 的分析方法。

二、实验原理

化学式气体分析器的作用原理是用适当的吸收剂逐次分别吸收烟气中个别成分，然后测出烟气中被分析成分除去体积缩减量，即为被测气体的含量。这种方法虽费时较多，且不能连续自动地进行分析，但设备简单，分析的结果比较准确，故目前仍广泛使用。

1. CO_2 的测定

使一定量的烟气（V）通过 KOH 溶液，其中 CO_2 与 OH^- 反应产生 CO_3^-，而被吸收。此时烟气中若有 SO_2 也在这里吸收，所以测定结果实际是 CO_2 与 SO_2 的和量。

2. O_2 的测定

吸收了 CO_2 的烟气，通过焦性没食子酸钾溶液，其中 O_2 与焦性没食子酸钾发生化学反应而被吸收。

3. CO 的测定

吸收了 CO_2、O_2 后的烟气通过氨性氯化亚铜溶液，其中 CO 与氨性氯化亚铜发生化学反应而被吸收。

由于碱性的焦性没食子酸也能吸收 CO_2，氨性氯化亚铜也能吸收 CO_2 和 O_2，所以分析时应先分析 CO_2，然后依次分析 O_2 和 CO，次序不可颠倒。

进行 CO 测定时，时间不宜过长，否则被氯化亚铜吸收的 CO 又会放出来，使结果不准。当烟气成分中 CO 含量比较高（达 16%～20%）时，利用一根管子吸收 CO 很慢，且不易吸收完全，可在一般三根吸收管后再加第四根吸收管，其中装入酸性氯化亚铜溶液，用于 CO 的第二次吸收。

三、实验仪器与药品

(1) KOH 溶液：90gKOH 溶于 180mL 的蒸馏水中，冷却后取上层澄清无色部分使用。

(2) 碱性焦性没食子酸钾溶液：由 A 液和 B 液混合而成。

A 液：30g 焦性没食子酸溶液于 80mL 蒸馏水中（为了加快溶解，可加热到 $60℃$）。

B 液：48g 氢氧化钾溶于 100mL 蒸馏水中。

使用前将 A、B 液倒入吸收瓶中，上下移动平衡瓶，使其混合。

(3) 氨性氯化亚铜溶液：42g 氯化铵溶于 125mL 蒸馏水中，加入 334g 氯化亚铜。注入吸收瓶时，每三体积所配液，需加入一体积 0.9 的氢氧化铵（约 42mL）。为避免氯化亚铜在空气氧化，在吸收瓶中需加入一束铜丝。

(4) 封闭液：平衡瓶内的封闭液在分析时要和烟气试样接触，为了使封闭液不吸收 CO_2，常使它略微呈酸性。封闭液的配方有以下几种：

① 将 150g 食盐溶解于 0.5L 蒸馏水中，经过一昼夜沉淀后滤去沉淀物，向该溶液中加入浓硫酸酸化，每升加 10mL 浓硫酸。再向溶液内滴入 10 滴甲基橙，使它变成红色，然后用烟气饱和后即可使用。

② 将80g固体硫酸钠溶于200mL蒸馏水中，滤去杂质。再加入甲基橙2~4滴，并加入稀硫酸使甲基橙变红，然后用烟气饱和后即可使用。

（5）酸性氯化亚铜溶液：15g氯化亚铜溶于120mL浓盐酸中，然后加水至200mL。在配制溶液的时候，可能发生显著的氧化作用，因此溶液呈黑色或紫黑色。这种溶液不能使用，须用铜或氯化亚锡使其复原，复原后的溶液呈褐黄色。

四、实验步骤

1. 仪器的安装

在第一组吸收瓶中注入200mL的KOH溶液作吸收CO_2用，在第二组吸收瓶中注入200mL的碱性焦性没食子酸钾作吸收O_2用，在第三组吸收瓶中注入200mL的氨性氯化亚铜和铜丝作吸收CO用。每瓶装入吸收剂溶液量以瓶体和的2/3为宜，要求瓶内剩余空间不小于100mL。并在三组吸收瓶与大气相通的吸收液面面上，注入液体石蜡。在平衡瓶中注满封闭液，在量气管外套管中加入冷却水（可使量筒中烟气温度不变），在U形管中装入无水氯化钙（或硅胶），仪器各部分用乳胶管连接好，注意密封。

2. 样品测定

将取样管用橡皮与U形干燥连接，旋开三通活塞，使取样瓶与量管相通并与大气相通，不平衡瓶下移，使待测烟气进入量气管中，然后转动三通活塞，使量气管与大气相通，提高平衡瓶，把吸入量气管内的烟气排出。重复上述操作2次，便可认为气体分析器已被待测气体洗净。继续提高平衡瓶使量气管内液面准确升至上端零点标线，并应使平衡瓶内液面与其对齐。然后旋三通活塞使气样与量气管相通，下移平衡瓶，待量气管内液面降至略低于100mL刻度线时，旋三通活塞使量气管与大气相通之下，随即关闭，使取入气样恰为100mL。

测定时，先打开第一组吸收瓶的活塞，提高平衡瓶，把气体压入第一组吸收瓶中，直至封闭升至量气管上部标线为止，然后放下平衡瓶，气体又被吸回到量气管中。如此重复3~4次，将其他吸回量气管中，当吸收液达到吸收瓶上部刻度线时，关闭活塞提高平衡瓶，靠近量气管，使平衡瓶中液面和量气管中液面在同一高度时，记下量气管液面的读数。再打开活塞，重复上述方法进行操作，直至量气管的液面的读数不变，说明CO_2气体已被第一组吸收瓶中的KOH溶液吸收完全。记下读数V_1，然后打开第二组的活塞，按上述方法进行O_2的测定，记下读数V_2。再打开第三组的活塞，进行CO的测定，记下读数V_3。

五、数据处理

$$CO_2 = \frac{100 - V_1}{100} \times 100$$

$$O_2 = \frac{V_1 - V_2}{100} \times 100$$

$$CO = \frac{V_2 - V_3}{100} \times 100$$

$$N_2 = \frac{100 - (CO_2 + O_2 + CO)}{100} \times 100 \tag{10-1}$$

式中　V_1——烟气被KOH溶液吸收后的体积（mL）；

　　　V_2——烟气被没食子酸钾溶液吸收后的体积（mL）；

　　　V_3——烟气被氨性氯化亚铜吸收后的体积（mL）。

六．思考题

（1）为什么封闭液要呈酸性？

（2）测定的顺序能否颠倒？为什么？

实验十一　地表水质监测

一、实验监测对象

可以自行选择监测对象（例如：翠湖位于景德镇陶瓷大学校区内，是学校独特的人文自然景观之一，也是学校内唯一一个湖泊）。

二、实验监测目的

（1）通过对实验对象的监测了解学校湖泊水体质量状况。

（2）通过对实验对象的水体监测，提高环境监测设计方案的能力。

（3）熟练掌握 pH 值、浊度、COD、氨氮和 SS（水质中的悬浮物）的测定方法。

三、实验监测项目

水体的 pH 值、浊度、COD、氨氮和 SS（水质中的悬浮物）

四、实验监测网点的布设

因为实验对象的面积较大，形状不规则且水深<5m，所以沿湖设置 4 个采样点（根据湖泊的位置东、南、西、北各设置一个采样点），均在液面以下 0.5m 处。

五、实验采样时间和采样频率

周二和周四分别去采样，四个采样点每天采样两次，分别是早上 9 点、下午 2 点，用采样器各采样一次。并将水样放于储样器中。

六、水质监测方法

1. pH 的测定

用 pH 计测得。

2. 水样浊度的测定

（1）接通电源，将浊度仪预热 15min。

（2）测定低浊度（0～20mg/L），用低浊度水样槽（长水样槽）测试。其中要用蒸馏水使其调零，后测其水样浊度。

（3）测高浊度，原理和步骤与测低浊度一样。

3. 水样 SS 的测定

量取充分混合均匀的样品 100mL 抽吸过滤。使水样全部通过滤膜。在以每次 10mL 蒸馏水连续洗涤 3～5 次，继续吸滤以除去痕量水分（如样品中含油脂，用 10mL 石油醚分两次淋洗残渣）。停止吸滤后，仔细取出载有悬浮物的滤膜放在原恒重的称量瓶里，打开瓶盖，移入烘箱中在 103～105℃烘干 2h 后移入干燥器中，使其冷却至室温，称量。反复烘干、冷却、称量，直至恒重为止（≤0.4mg）。

$$悬浮物含量（mg/L）=\frac{(m_A-m_B)\times 106}{V} \tag{11-1}$$

式中　m_A——悬浮物＋滤膜及称量瓶质量（g）；

m_B——滤膜及称量瓶质量（g）；

V——样品体积（mL）。

4. 水样 COD 的测定

取 20.00mL 混合均匀的水样（或适量水样稀释至 20.00mL）置于 250mL 磨口的回流锥

形瓶中，准确加入 10.00mL 重铬酸钾标准溶液及数粒小玻璃珠或沸石，连接磨口的回流冷凝管，从冷凝管上口慢慢地加入 30mL 硫酸-硫酸银溶液，轻轻摇动锥形瓶是溶液混匀，加热回流 2h（自开始沸腾时计时）。冷却后，用 90mL 水冲洗冷凝管壁，取下锥形瓶。溶液总体积不得少于 140mL，否则因酸度太大，滴定终点不明显。溶液再度冷却后，加 3 滴试亚铁灵指示液，用硫酸亚铁铵标准溶液滴定，溶液的颜色由黄色经蓝绿色至红褐色即为终点，记录硫酸亚铁铵标准溶液的用量。测定水样的同时，取 20.00mL 蒸馏水，按同样的操作步骤作空白试验。记录测定空白时硫酸亚铁铵标准溶液的用量。

$$\text{COD}（O_2，\text{mg/L}）=\frac{(V_0-V_1)\times C\times 8\times 1000}{V} \tag{11-2}$$

式中　C——硫酸亚铁铵标准溶液的浓度（mol/L）；

　　　V_0——滴定空白时硫酸亚铁铵标准溶液的用量（mL）；

　　　V_1——滴定水样时硫酸亚铁铵标准溶液的用量（mL）；

　　　V——水样的体积（mL）；

　　　8——氧（1/2）摩尔质量（g/mol）。

5. 氨氮的测定

对蒸馏装置进行预处理及对吸收液进行加热蒸馏，于全部经蒸馏预处理、以硼酸溶液为吸收液的馏出液中，加 2 滴混合指示液，用 0.020mol/L 的硫酸溶液滴定至绿色转变成淡紫色为止，记录硫酸标准溶液的用量。并以无氨水代替水样，同样全程序步骤进行测定。

$$\text{氨氮}（N，\text{mg/L}）=\frac{(A-B)\times M\times 14\times 1000}{V} \tag{11-3}$$

式中　A——滴定水样时消耗硫酸标准溶液体积（mL）；

　　　B——空白试验消耗硫酸标准溶液体积（mL）；

　　　M——硫酸标准溶液浓度（mol/L）；

　　　V——水样体积（mL）；

　　　14——氨氮（N）摩尔质量。

七、记录所有指标的监测数据并与标准量进行对比，根据数据分析实验检测对象水质。

实验十二　校园空气质量监测

一、监测对象

景德镇陶瓷大学校园内的空气

二、监测目的

（1）了解空气环境中 TSP、氮氧化物的具体采样方法。

（2）通过对空气的监测了解学校空气的质量状况。

（3）通过对校园的空气监测，提高环境监测设计方案的能力。

三、监测项目

TSP（总悬浮颗粒物）、氮氧化物

四、采样点布设

根据学校的各污染源的分布情况，结合校园各环境功能区的要求及校园地形、地貌、气象等条件，采样点布设方法采用的是功能区布点法（由于校园分为多个功能区，主要以居住区、教学区、活动区为主）、网格布点法（由于学校没有较大的污染源，且属于面源）相结合的，采样点的数目是 4 个，它们分别是主教学楼、田径场、宿舍楼、食堂。

五、采样时间

于周四上午 9 点去校园内的四个采样点采样，每个采样点用综合采样器采样一次并带回实验室，对其中空气进行监测。

六、空气监测方法

1. 测定 TSP

（1）用孔口流量计校正采样器的流量。

（2）滤膜准备：首先用 X 光看片机检查滤膜是否有针孔或其他缺陷，然后放在恒温湿箱中 15～30℃，任一点平衡 24h，并在此平衡条件下称重（精确到 0.1mg），记下平衡温度和滤膜质量，将其平放在滤膜袋或盒内。

（3）采样：取出称过的滤膜平放在采样器采样头内的滤膜支持网上（绒面向上），用滤膜夹夹紧。以 100L/min 流量采样 1h，记录采样流量和现场的温度及大气压。用镊子轻轻取出滤膜，绒面向里对折，放入滤膜袋内。

（4）称量和计算：将采样滤膜在与空白滤膜相同的平衡条件下平衡 24h 后，用分析天平称量（精确到 0.1mg），记下质量（增量不应小于 10mg）。

$$TSP 含量（\mu g/m^3）= \frac{(W_1 - W_2) \times 10^9}{Q \times t} \tag{12-1}$$

式中　W_1——采样后的滤膜质量（g）；

　　　W_2——空白滤膜的质量（g）；

　　　Q——采样器平均采样流量（L/min）；

　　　t——采样时间（min）。

2. 氮氧化物

采样后，放置 15min，将样品溶液移入 1cm 比色皿中，按绘制标准曲线的方法和条件测定试剂空白溶液和样品溶液的吸光度。若样品溶液的吸光度超过标准曲线的测定上限，可用吸收液稀释后再测定吸光度。计算结果应乘以稀释倍数。

$$c\ (NO_2,\ mg/m^3) = \frac{(A-A_0-\alpha)\ \times V \times D}{b \times f \times V_0} \tag{12-2}$$

式中　A——样品溶液吸光度；

A_0——试剂空白溶液的吸光度；

b——标准曲线的斜率（mL/μg）；

α——标准曲线的截距；

V——采样用吸收液体积（mL）；

D——样品的稀释倍数；

V_0——换算成标准状态下的采样体积（L）；

f——实验系数，0.88（当空气中 NO_2 的浓度高于 0.720 mg/m^3 时，f 值为 0.77）。

实验十三 颗粒自由沉淀实验

一、实验目的

（1）通过实验学习掌握颗粒自由沉淀的试验方法。

（2）进一步了解和掌握自由沉淀的规律，根据实验结果绘制时间-沉淀率（t-E）、沉速-沉淀率（u-E）的关系曲线。

二、基本概念和实验内容

沉淀是指从液体中借重力作用去除固体颗粒的一种过程。根据液体中固体物质的浓度和性质，可将沉淀过程分为自由沉淀、絮凝沉淀、成层沉淀和压缩沉淀等 4 类。本实验是研究探讨污水中非絮凝性固体颗粒自由沉淀的规律。实验用沉淀管或量筒进行，见下图。

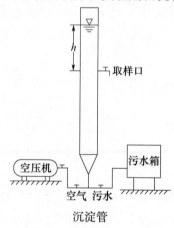

沉淀管

设水深为 h，在时间 t 内能沉到深度 h 颗粒的沉淀速度 $v=\dfrac{h}{t}$。根据给定的时间 t_0 计算出颗粒的沉速 u_0。凡是沉淀速度等于或大于 u_0 的颗粒在 t_0 时都可以全部去除。设原水中悬浮物浓度为 C_0，则

$$沉淀率=\frac{C_0-C_t}{C_0}\times100\% \tag{13-1}$$

在时间 t 时能沉到深度 h 颗粒的沉淀速度 u：

$$u=\frac{h\times10}{t\times60}\ (\text{mm/s}) \tag{13-2}$$

式中　C_0——原水中所含悬浮物浓度（mg/L）；

　　　C_t——经 t 时间后，污水中残存的悬浮物浓度（mg/L）；

　　　h——取样口高度（cm）；

　　　t——取样时间（min）。

三、设备及材料

（1）沉淀管及蓄水箱，水泵，空压机，秒表，转子流量计等。

（2）测定悬浮物的设备：1/10000 分析天平，烘箱，滤纸，漏斗，漏斗架，100mL 容量瓶，三角烧杯等。

（3）各种污水：多种生产污水，工业废水，也可用软化淤泥或粗硅藻土等配制水样。

四、实验步骤及记录

（1）做好悬浮固体测定的准备工作。将中速定量滤纸用铅笔按 1～10 顺序标上记号，放入托盘。调烘箱至（105±1）℃，将托盘放入 105℃ 的烘箱烘 45min，取出后放入干燥器冷却 30min，在 1/10000 天平上称重，以备过滤时用。

（2）打开沉淀管的阀门，将软化淤泥和水注入沉淀管中曝气，搅拌均匀。

（3）开动秒表，开始记录沉淀时间，同时用 l00mL 容量瓶取水样 100mL（测得悬浮物浓度为 C_0），记下取样口高度。

（4）当时间为 5、10、15、20、25min 时，在同一取样口分别取 100mL 水样，测其悬浮物浓度（C_t）。

（5）每一次取样应先排出取样口中的积水，减少误差。在取样前和取样后必须测量沉淀管中液面至取样口的高度，计算时采用二者的平均值。

（6）将已称好的滤纸取出叠好放入玻璃漏斗中，过滤水样，并用蒸馏水冲净，使滤纸上得到全部悬浮性固体，最后将带有滤渣的滤纸移入烘箱，重复实验步骤（1）的工作。

（7）悬浮性固体浓度计算

$$悬浮性固体浓度 C（mg/L）＝\frac{（W_2－W_1）×1000×1000}{V} \tag{13-3}$$

式中　W_1——滤纸质量；

$\quad\quad$ W_2——滤纸＋悬浮性固体的质量；

$\quad\quad$ V——水样体积，100mL。

五、实验结果

（1）根据不同沉淀时间对取样口距液面平均深度 h 和沉淀时间 t，计算出各种颗粒的沉淀速度 u_1 和沉淀率 E，并绘制 t-E 和 u-E 的关系曲线。

（2）利用上述实验资料，计算不同时间 t 时，沉淀管内未被去除的悬浮物的百分比，即

$$P＝（C_1/C_0）×100 \tag{13-4}$$

（3）以颗粒沉淀速度 u 为横坐标，以 P 为纵坐标、在普通方格坐标纸上绘 u-P 曲线。

六、思考题

（1）自由沉降中颗粒沉淀速度与絮凝沉淀中颗粒沉淀速度有区别吗？

（2）绘制自由沉降曲线的意义。

七、实验数据

样品始浓度（mg/L）	编号	取样时间	取样体积（mL）	取样前高度（cm）	取样后高度（cm）	平均高度（cm）	滤前纸重（g）	滤后纸重（g）	净重（g）	沉淀速度 u（mm/s）	浓度（mg/L）	沉淀率 E（%）	$P＝(C_t/C_0)×\%$
	01	5	100	80	72								
	02	10	100	72	64								
	03	15	100	64	56								
	04	20	100	56	48								
	05	25	100	48	40								
小计			500										

实验十四　曝气设备充氧能力的测定

一、实验目的

（1）掌握测定曝气设备的氧总传递系数和充氧能力的方法。

（2）了解相关的测试方法和数据整理的方法和特点。

二、实验原理

（1）评价曝气设备充氧能力的试验方法有两种：

① 不稳定状态下进行试验，即试验过程水中溶解氧浓度是变化的，由零增到饱和浓度；

② 稳定状态下的试验，即试验过程水中溶解氧浓度保持不变。

（2）实验是在不稳定状态下进行的。

（3）不稳定状态下进行试验：在实验室接取自来水进行试验，先用亚硫酸钠进行脱氧，使水中溶解降到零，然后曝气，直至溶解氧升高到接近饱和水平。假定这个过程液体是完全混合的，符合一级动力学反应，水中溶解氧的变化可以用下式表示：

$$\frac{\mathrm{d}C}{\mathrm{d}t}=K_{\mathrm{La}}\ (C_{\mathrm{s}}-C) \tag{14-1}$$

式中　$\mathrm{d}C/\mathrm{d}t$——氧转移速率（mg/L·h）；

K_{La}——氧的总传递系数（L/h）；

C_{s}——试验条件下自来水的溶解氧饱和浓度（mg/L）；

C——相应于某一时刻 t 的溶解氧浓度（mg/L）；

将式（14-1）积分得：

$$\ln\ (C_{\mathrm{s}}-C)\ =\ -K_{\mathrm{La}}t+常数 \tag{14-2}$$

式（14-2）表明，通过试验测得 C_{s} 和相应于某一时刻 t 的溶解氧 C 值后，绘制 $\ln\ (C_{\mathrm{s}}-C)$ 与 t 的关系曲线，其斜率即是 K_{La}。另一种方法是先作 C 与 t 关系曲线，再作对应于不同 C 值的切线得到相应的 $\mathrm{d}C/\mathrm{d}t$，最后作 $\mathrm{d}C/\mathrm{d}t$ 与 C 关系曲线，也可以求得 K_{La}。

三、实验设备与药品

单阶完全混合曝气装置、溶解氧测定仪、秒表、锥形瓶、天平、亚硫酸钠、氯化钴。

四、实验步骤

（1）向曝气桶中加入 15L 自来水，曝气 30min 后测定实验条件下自来水中的溶解氧的饱和值 C_{s} 和水温。

（2）计算 $CoCl_2$ 和 Na_2SO_3 的需要量：

$$Na_2SO_3+1/2O_2 \xrightarrow{CoCl_2} Na_2SO_4$$

Na_2SO_3：$W_1=V\times C_{\mathrm{s}}\times7.9\times200\%$

$CoCl_2$：$W_2=V\times0.1\times129.9/58.9$

（3）将 $CoCl_2$ 和 Na_2SO_3 分别溶解后同时加入到曝气桶中，迅速测定桶中溶解氧的数值，取溶解氧数值从最低点上升到饱和值的数据作为实验分析数据（0.5～1min 记录一次数据）。

五、实验结果与讨论

记录实验设备及操作条件的基本参数。

实验日期：　　年　　　月　　　日

曝气桶体积：_____，水温：_____，室温：_____，实验条件下自来水的 C_s：_____，测定点位置：_____。

（1）不稳定状态下充氧实验测得的溶解氧值见下表（表14-1）。

表 14-1 不稳定状态下充氧试验记录

T （min）							
C （mg/L）							
(C_s-C) （mg/L）							
$\ln (C_s-C)$							

（2）以溶解氧浓度 C 为纵坐标，时间 t 为横坐标，用表14-1数据描点作 C 与 t 关系曲线。

（3）根据 C 与 t 试验曲线计算相应于不同 C 值的 dC/dt，记录于表14-2。

表 14-2

C （mg/L）				
dC/dt （mg/L, min）				

以 $\ln (C_s-C)$ 和 dC/dt 为纵坐标，时间 t 为横坐标，绘制出两条实验曲线，计算 K_{La}

六、思考题

（1）试比较数据整理方法，哪一种误差小一些？

（2）C_s 值偏大或偏小对实验结果的影响如何？

七、注意事项

在实验室进行充氧实验时，实验模型较小，故只能有一个测定点，无须布置 9～12 个测定点。

41

实验十五　活性污泥性能的测定

一、实验目的

(1) 掌握曝气池活性污泥的工作参数 MLSS、MLVSS、SV、SVI 的测定。

(2) 会根据这些参数评价活性污泥的性能。

二、实验原理

混合液悬浮固体（MLSS）：亦称混合液污泥浓度。系指曝气池中废水和活性污泥混合后的混合液悬浮固体数量（mg/L）。

混合液挥发性悬浮固体（MLVSS）：系指混合液悬浮固体中有机物的质量（mg/L）。

污泥沉降比（SV）：系指曝气池混合液在 100mL 量筒中静置沉淀 30min 后，沉淀污泥与混合液的体积比（％）。

污泥指数（SVI）：系指曝气池出口处混合液经 30min 静沉后，1g 干污泥所占的容积以毫升计（mL/g）。

三、仪器设备

100mL 量筒 3 个、定量滤纸数张、烘箱、水分快速测定仪 1 台、电子天平与分析天平各一台、真空过滤装置 1 套、秒表 1 块与玻璃棒 1 根、马弗炉 1 台、500mL 烧杯 2 个、干燥器

四、实验步骤

1. SV 的测定

自曝气池中取来混合液，倒入 100mL 量筒内量取 100mL，静置沉淀 30min，记录沉淀污泥体积。

2. MLSS 的测定

(1) 取定量滤纸一张放入水分快速测定仪称盘上，开灯烘烤 1min，稳重并记录（W_1）于表 15-1 中。

(2) 将称重后的滤纸小心地铺于布氏漏斗内，并将滤纸同周围用蒸馏水打湿，以防漏气。

(3) 将测定 SV 的 100mL 量筒内的混合液徐徐倒入漏斗内，开启真空泵，抽滤。为了使活性污泥全部转移到漏斗内，量筒至少用蒸馏水冲洗 2 次。（注意：蒸馏水不宜过多）

(4) 抽滤后，将载有混合液悬浮物的滤纸小心拿出，放入水分快速测定仪称盘上，开灯烘烤直至读数（指针）稳定，并作记录（W_2）于表 15-1 中。

3. MLVSS 的测定

(1) 将上述载有混合液悬浮物的且烘干了的滤纸，放入已知质量（W_3）的坩埚内，并一同置入马弗炉内焙烧。

(2) 待有机物全部煅烧挥发后，将坩埚钳出并称量（W_4）。

4. 实验步骤

(1) 从曝气池中取 100mL 刚曝气完成的污泥混合液，置于 100mL 清洁的量筒中。

(2) 取样完成后，将量筒放回实验室指定地点，用玻璃棒将量筒中的污泥混合液搅拌均匀后静置。

(3) 静置 30min 后记录沉淀污泥层与上清液交界处的刻度值 V_0（mL），获得 SV 值。

(4) 将准备好的定量滤纸在 103～105℃的烘箱内烘干 2h 至恒重，在干燥器中冷却半小

时后称重，并作记录（W_1）于表 15-1 中。

（5）将滤纸平铺在抽滤漏斗上，并将测定过沉降比的 1L 量筒内的污泥全部倒入烘干的滤纸，过滤（用水冲净量筒，并将水也倒入滤纸）。［没有抽滤瓶时，也可以取少量曝气池活性污泥，体积记为 V_1（mL），如 200mL 或 300mL 采用漏斗过滤］

（6）待完全过滤后将载有污泥的滤纸放在 103～105℃ 的烘箱中烘干 2h 至恒重，在干燥器中冷却半小时后称重，并作记录（W_2）于表 15-1 中。

（7）计算其 MLSS 值，为（W_2-W_1）/V_1 的值，单位为 mg/L。

（8）测好 MLSS，然后移到坩埚（W_3）内放置在马弗炉里 605℃ 烧两个小时，冷却后称量 W_4，则煅烧后 MLSS 的残渣为（W_4-W_3），可计算 MLVSS 值。

五、实验结果与讨论

1. 原始数据记录（表 15-1）

表 15-1　原始数据记录表

	W_1 (mg)	W_2 (mg)	W_2-W_1 (mg)	W_3 (mg)	W_4 (mg)	W_4-W_3 (mg)	SV (%)	MLSS (mg/L)	MLVSS (mg/L)	SVI (mL/g)
一										
二										
平均										

2. 计算

$$\text{MLSS}=\frac{W_2-W_1}{V} \quad (\text{mg/L}) \tag{15-1}$$

式中　W_1——滤纸的净重（mg）；

　　　W_2——滤纸及截留悬浮物固体的质量之和（mg）；

　　　V——废水的体积（L）。

$$\text{MLVSS}=\frac{(W_2-W_1)-(W_4-W_3)}{V} \quad (\text{mg/L}) \tag{15-2}$$

式中　W_3——坩埚质量（mg）；

　　　W_4——坩埚与无机物总质量（mg）；

　　　其余同上式。

$$\text{SVI}=\frac{\text{SV}\times 10}{\text{MLSS (g/L)}} \quad (\text{mL/g}) \tag{15-3}$$

六、思考题

用你所测得的上述指标评价该活性污泥的性能。

实验十六　混凝实验

一、实验目的

（1）通过本实验，确定某水样的最佳投料量。

（2）观察矾花的形成过程及混凝沉淀效果。

二、实验原理

（1）天然水中存在大量胶体颗粒，是使水产生浑浊的一个重要原因，胶体颗粒靠自然沉淀是不能除去的。

（2）水中的胶体颗粒，主要是带负电的黏土颗粒。胶体间的静电斥力、胶体的布朗运动及胶体表面的水化作用，使得胶体具有分散稳定性，三者中以静电斥力影响最大。向水中投加混凝剂能提供大量的正离子，压缩胶团的扩散层，使 ζ 电位降低，静电斥力减小。此时，布朗运动由稳定因素转为不稳定因素，也有利于胶体的吸附凝聚。水化膜中的水分子与胶体有固定联系，具有弹性和较高的黏度，把这些水分子排挤出去需要克服特殊的阻力，阻碍胶粒的直接接触。有些水化膜的存在决定于双电层状态投加混凝剂降低 ζ 电位，有可能使水化作用减弱。混凝剂水解后形成的高分子物质或直接加入水中的高分子物质一般具有链状结构，在胶粒与胶粒间起吸附架桥作用，即使 ζ 电位没有降低或降低不多，胶粒不能相互接触，通过高分子链状物吸附胶粒，也能形成絮凝体。

（3）消除或降低胶体颗粒稳定因素的过程叫脱稳。脱稳后胶粒在一定的水力条件下，才能形成较大的絮凝体，俗称矾花。直径较大且密实的矾花容易下沉。

（4）自投加混凝剂直至形成较大矾花的过程叫混凝，混凝离不开混凝剂的投加，混凝过程见表16-1。

表 16-1　混凝过程记录表

阶段	凝聚			絮凝
过程	混合	脱稳		异向絮凝为主	同向絮凝为主
作用动力	药剂扩散 质量迁移	混凝剂水解 溶解平衡	杂质胶体脱稳 各种脱稳机理	脱稳胶体聚集 分子热运动	微絮凝体的进一步碰撞 聚集液体流动的能量消耗
处理构筑物	混合设备				反应设备
胶体状态	原始胶体	脱稳胶体		微絮凝体	矾花
胶体粒径	$0.1\sim0.001\mu m$	约 $5\sim10\mu m$			$0.5\sim mm$

（5）由于布朗运动造成的颗粒碰撞絮凝，叫"异向絮凝"；由机械运动或液体流动造成的颗粒碰撞，叫"同向絮凝"。异向絮凝只对微小颗粒起作用，当粒径 $>1\sim5\mu m$ 时，布朗运动基本消失。

（6）从胶体颗粒变成较大的矾花是一个连续的过程。为了研究的方便可划分为混合和反应两个阶段。混合阶段要求浑水和混凝剂快速均匀混合，一般说来，该阶段只能产生用眼睛难以看见的微絮凝体；反应阶段则要求将絮凝体形成较密实的大粒径矾花。

三、实验设备与药品

（1）无极调速六联搅拌机一台

（2）200mL 烧杯 12 个

（3）100mL 注射器 2 个，移取沉淀上层清液

（4）100mL 洗耳球 1 个，配合移液管移药用

（5）1mL、5mL、10mL 移液管各 1 根

（6）温度计 1 个

（7）仪表 1 块

（8）1000mL 量筒 1 个

（9）5％浓度硫酸铝钾溶液 1 瓶

（10）PHS-2 型酸度计 1 台

（11）GDS-3 型光电式浑浊度仪 1 台

四、实验步骤

（1）测定混匀的水样浊度。

（2）取混匀的水样 6 份，每份 200mL，分装于 6 个已编号的混凝烧杯中，放在六联搅拌机的搁板上，并调好高度。

（3）将 6 份水样同时搅拌，中速 120r/min。

（4）分别量取 5％硫酸铝钾溶液 1mL、3mL、5mL、7mL、9mL、11mL 置于小量筒中备用。

（5）快速搅拌（300～500r/min），分别同时加入上述药剂，搅拌 30s。

（6）中速搅拌 5min，观察记录。

（7）慢速搅拌（80r/min）10min，观察记录。

（8）停止搅拌，将搁板下降到最低，将烧杯从搅拌棒下轻轻取出，按顺序摆好，静置 15min，轻轻倒出上清液（大约 100mL），注意不要弄浑浊，测上清液浊度。

五、实验结果与讨论

1．观察记录（表 16-2）

表 16-2　观察记录表

观察记录		小结
水样编号	矾花形成及沉淀过程的描述	
1		
2		
3		
4		
5		
6		

2. 原始数据记录（表16-3）

表16-3 原始数据记录表

混凝剂名称		原水浑浊度：44		原水温度：18.3℃		原水 pH＝7.11	
水样编号		1	2	3	4	5	6
投药量	mL						
	mg/L						
剩余浊度							
沉淀后 pH 值							

3. 数据处理

实验十七　活性炭吸附实验

一、实验目的

（1）通过实验进一步了解活性炭的吸附工艺及性能，熟悉实验操作。

（2）掌握用间歇法确定活性炭处理废水的方法。

二、实验原理

活性炭处理工艺是运用吸附的方法以去除异味、某些离子以及难进行生物降解的有机污染物。在吸附过程中，活性炭比表面积起着主要作用。同时，被吸附物质在溶剂中的溶解度也直接影响吸附的速度。此外，pH 值的高低、温度的变化和被吸附物质的分散程度也对吸附速度有一定影响。

活性炭对水中所含杂质的吸附既有物理吸附作用，也有化学吸附作用。有一些被吸附物质先在活性炭表面上积聚浓缩，继而进入固体晶格原子或分子之间被吸附，还有一些特殊物质则与活性炭分子结合而被吸着。当活性炭对水中所含杂质吸附时，水中的溶解性杂质在活性炭表面积聚而被吸附，同时也有一些被吸附物质由于分子的运动而离开活性炭表面，重新进入水中即同时发生解吸现象。当吸附和解吸处于动态平衡状态时，称为吸附平衡。这时活性炭和水（即固相和液相）之间的溶质浓度，具有一定的分布比值。如果在一定压力和温度条件下，用 mg 活性炭吸附溶液中的溶质，被吸附溶质质量为 Xmg，则单位质量的活性炭吸附溶质的数量 q，即吸附容量可按下式计算：

$$q = \frac{V\ (C_0 - C)}{m} = \frac{X}{m} \tag{17-1}$$

式中　　q——活性炭吸附量，即单位质量的吸附剂所吸附的物质质量（g/g）；

　　　　V——废水体积（L）；

　　C_0、C——分别为吸附前原水及吸附平衡时废水的物质浓度（g/L）；

　　　　X——被吸附物质质量（g）；

　　　　m——活性炭的投加量（g）。

q 的大小除了决定于活性炭的品种之外，还与被吸附物质的性质、浓度、水的温度及 pH 值有关。一般说来，当被吸附的物质能够与活性炭发生结合反应、被吸附物质又不容易溶解于水而受到水的排斥作用，且活性炭对被吸附物质的亲和作用力强、被吸附物质的浓度又较大时，q 值就比较大。

描述吸附容量 q 与吸附平衡时溶液浓度 C 的关系有 Lane-muir，BET 和 Fruendlich 吸附等温式。在水和污水处理中通常用 Fruendlich 表达式来比较不同温度和不同溶液浓度时的活性炭的吸附容量，即

$$q_1 = K \times C^{1/n} \tag{17-2}$$

式中　　q_1——吸附容量（mg/g）；

　　　　K——与吸附比表面积、温度有关的系数；

　　　　n——与温度有关的常数，$n > 1$；

　　　　C——吸附平衡时的溶液浓度（mg/L）。

这是一个经验公式，通常用图解方法求出 K、n 的值。为了方便易解，往往将式（17-2）

变换成线性对数关系式，如下：

$$\lg q = \lg K + (1/n) \lg C \tag{17-3}$$

三、实验设备与药品

康氏振荡器，722 分光光度计，250mL 三角烧瓶 6 个，粒状活性炭，亚甲基蓝试剂

四、实验步骤（间歇式吸附实验）

1. 活性炭吸附实验

（1）分别取亚甲基蓝标液（0.25g/L）2mL、4mL、6mL、8mL、10mL、12mL 于 100mL 容量瓶中，加蒸馏水定容。

（2）称取 6 份 100mg 活性炭，分别放入到 6 个带塞锥形瓶中，再将上述定容好的亚甲基蓝溶液倒入到锥形瓶中，振荡 30min，过滤，测定亚甲基蓝溶液吸光度，并根据亚甲基蓝溶液的标准曲线计算出对应的浓度 c。

2. 亚甲基蓝溶液的标准曲线的绘制

分别取亚甲基蓝标准溶液（0.25g/L）1mL、2mL、3mL、4mL、5mL、6mL 于 100mL 容量瓶中定容。经过滤，以水作参比，于 664nm 处在分光光度计上测定其吸光度，并以浓度为纵坐标、吸光度为横坐标，作出亚甲基蓝的浓度-吸光度标准曲线。

五、实验结果与数据处理

（1）数据记录，根据式（17-1）计算出吸附量 q，填入下表中。

（2）根据式（17-3），将 C 和相应的 q 值在双对数坐标纸上绘制出吸附等温线直线斜率为 $1/n$，截距为 K。

亚甲基蓝浓度吸光度标准曲线方程：

$$C~(\text{g/L}) = 1/n \times A - K \tag{17-4}$$

序号	水样体积（mL）	原水亚甲基蓝浓度（g/L）	原水吸光度	出水吸光度	出水亚甲基蓝浓度（g/L）	活性炭投加量（mg）	吸附量 q（g/g）	$\lg q$	$\lg C$
1									
2									
3									
4									
5									
6									

六、思考题

（1）吸附等温线有什么现实意义？

（2）通过实验，你对活性炭吸附有什么结论性的意见？你认为该实验应如何进一步改进？

实验十八 离子交换

一、实验目的

（1）掌握离子交换的分离原理和方法。

（2）熟悉有关仪器的使用和操作方法。

二、实验原理

废水中的六价铬主要以 $Cr_2O_7^{2-}$、CrO_4^{2-} 的形式存在；三价铬主要以 Cr^{3+} 形式存在。这些离子和离子交换树脂的交换反应为：

$$2R—OH+CrO_4^{2-} \Longleftrightarrow R_2CrO_4+2OH^-$$
$$2R—OH+Cr_2O_7^{2-} \Longleftrightarrow R_2Cr_2O_7+2OH^-$$
$$2R—H+Cr^{3+} \Longleftrightarrow R_3Cr+3H^+$$

当含六价铬和三价铬的废水与阴离子交换树脂接触时，六价铬被交换，溶液中剩下三价铬；废水与阳离子交换树脂接触时，三价铬被树脂交换，溶液中剩下六价铬。

在微酸性溶液中，六价铬与二苯碳酰二肼作用生成紫红色化合物，颜色深浅与含量成正比，可用比色法进行测量；对于三价铬，可在碱性条件下用高锰酸钾将其氧化成六价铬后，进行比色测定。

三、实验设备与用品

722 分光光度计，KL-1 型微型反应集成装置，50mL 比色管，漏斗，硫酸溶液，1+1 磷酸溶液，1％NaOH 与 9％NaCl 混合液，3％KMnO₄ 溶液，1mol/L 的 NaOH 溶液，1mol/L 的 H₂SO₄ 溶液，AgNO₃ 溶液，0.08％的二苯碳酰二肼，乙醇，六价铬和三价铬使用液。

四、实验步骤

1. 标准曲线的绘制

向 6 个已编好号的 50mL 容量瓶中依次加入 0mL、0.5mL、1mL、2mL、4mL、8mL 10mg/L 的 Cr^{6+} 标准溶液，用蒸馏水稀释到 40mL 左右，分别加入 0.5mL（1+1）H₂SO₄ 和 0.5mL（1+1）H₃PO₄，摇匀，加入 2.5mL 二苯碳酰二肼，定容到 50mL，摇匀，10min 后用 1cm 比色皿在分光光度计上于 540nm 处，以 1# 作参比进行比色测定，读取 A 值。

2. 离子交换

量取 100mL 含铬废水，倒入装有阴离子树脂的交换柱中，静置交换 10～20s 后放出交换液待测。交换柱用蒸馏水冲洗干净后，加蒸馏水浸泡树脂。

3. 铬的测定

分别取 10mL 含铬废水原水（测定时需稀释 20 倍）与交换液于 50mL 容量瓶中，其余步骤同标准曲线的绘制。

五、数据处理与结果

（1）原始数据

编号	1#	2#	3#	4#	5#	6#
Cr^{6+} 标准溶液的体积（mL）						
标准溶液浓度（mg/L）						

编号	1#	2#	3#	4#	5#	6#
Cr^{6+} 含量（mg）						
吸光度 A						

（2）以 Cr^{6+} 含量为横坐标，以吸光度为纵坐标，作标准曲线。

（3）离子交换除铬

分别计算阴、阳离子的交换效率。

六、思考题

（1）离子交换速度有什么实际意义？影响离子交换速度的因素有哪些？

（2）用阴离子树脂去除六价铬时，在酸性废水中比在碱性废水中的去除效率高，为什么？

实验十九　污水综合处理

一、实验目的与要求

（1）综合运用已学过的书本知识和实验技术，对某一水质进行常规的化学检测，加深对仪器设备使用方法及测试方法的掌握。

（2）通过对本实验的教学使学生能够正确熟练地使用相关的仪器和设备，得出准确的数据。能对实验中出现的数据进行分析，做出合理的筛选和取舍，提出相应的处理措施。

（3）根据实验结果编写出条理清楚的测试报告。

（4）根据对被测水质的测试结果，提出治理废水的方法。

二、实验仪器与药品

1. 仪器

pH计，50mL具塞比色管，浊度仪，电导率仪，溶解氧测定仪，化学需氧量测定仪，分光光度计，天平，烧杯，温度计，量筒，容量瓶

2. 药品

氯铂酸钾，氯化钴，亚硫酸钠，氯化钾，化学需氧量测定仪专用氧化剂和催化剂

三、实验内容（详见前面实验相关内容）

pH值的测定、色度的测定、浊度的测定、电导率的测定、水中溶解氧的测定、水中氨氮的测定、化学需氧量的测定。

四、编写工业废水检测报告

水样来源：　　　　　　　　　　　　　取样日期：

实验日期：　　　　　　　　　　　　　实验人员：

水样检测报告表

检测项目	pH值	色度	浊度	电导率	溶解氧	氨氮	化学需氧量
检测结果							
备注							

实验二十　旋风除尘实验

一、实验目的

（1）了解旋风除尘器的结构及其工作原理，掌握除尘器性能测试的基本方法。

（2）了解旋风除尘器的运行工况及其效率的影响因素。

二、实验原理

旋风除尘器是除尘装置的一类，除尘机理是使含尘气流做旋转运动，借助于离心力将尘粒从气流中分离并捕集于器壁，再借助重力作用使尘粒落入灰斗。

旋风除尘器的工作原理：当含尘气流由切线进口进入除尘器后，气流在除尘器内做旋转运动，气流中的尘粒在离心力作用下向外壁移动，到达壁面，并在气流和重力作用下沿壁落入灰斗，从而达到分离的目的。净化后的气体形成上升的内旋流并经过排气管排出。

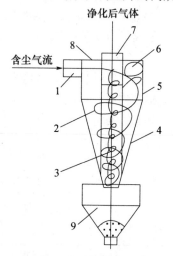

旋风除尘器原理与结构

1—进口管；2—外涡旋；3—内涡旋；4—锥体；5—筒体；6—上涡旋；

7—出口管；8—上顶盖；9—灰斗

含尘气流由切线进口进入除尘器，沿外壁由上向下做螺旋形旋转运动，这股向下旋转的气流即为外涡旋。外涡旋到达锥体底部后，转而向上，沿轴心向上旋转，最后经排出管排出。这股向上旋转的气流即为内涡旋。向下的外涡旋和向上的内涡旋，两者的旋转方向是相同的。气流做旋转运动时，尘粒在惯性离心力的推动下，要向外壁移动。到达外壁的尘粒在气流和重力的共同作用下，沿壁面落入灰斗。

气流从除尘器顶部向下高速旋转时，顶部的压力发生下降，一部分气流会带着细小的尘粒沿外壁旋转向上，到达顶部后，再沿排出管外壁旋转向下，从排出管排出。这股旋转气流即为上涡旋。如果除尘器进口和顶盖之间保持一定距离，没有进口气流干扰，上涡旋表现比较明显。

三、实验步骤

（1）选取不同粒径的实验粉尘待用。

（2）分别称取一定的实验粉尘，并记录其质量为 G_1。

（3）启动旋风除尘器，将所称取的粉尘加入除尘器。

（4）除尘完毕，停止风机，收集灰斗中的粉尘并称量，记为 G_2。

（5）根据公式计算除尘器的除尘效率。

四、数据处理

根据式（20-1）计算除尘器的除尘效率。

$$\eta = \frac{G_2}{G_1} \times 100\% \tag{20-1}$$

式中 G_1——进入除尘器的粉尘量；

G_2——除尘器除下的粉尘量。

五、思考题

影响旋风除尘器效率的主要因素有哪些？

实验二十一　大气中可吸入颗粒物的测定

一、实验目的

（1）了解大气中可吸入颗粒物对环境及人体健康的危害。

（2）认识可吸入颗粒物污染控制的意义与途径。

（3）学会使用 PC-3A 激光可吸入粉尘测试仪测定大气中可吸入颗粒物的含量，并对空气质量加以评估。

二、实验原理

大气中总悬浮颗粒物是指飘浮在空气中的固态和液态颗粒物的总称，其粒径范围为 0.1～100μm。有些颗粒物因粒径大或颜色黑可以被肉眼所见，比如烟尘。有些则小到使用电子显微镜才可观察到。通常把粒径在 10μm 以下的颗粒物称为可吸入颗粒物，又称为 PM10。可吸入颗粒物被人体吸入后，会沉积在呼吸道、肺泡等部位引发疾病。颗粒物的直径越小，进入呼吸道的部位越深。PM2.5 是指大气中直径≤2.5μm 的颗粒物，也称为可入肺颗粒物。

可吸入颗粒物是在环境空气中长期飘浮的悬浮微粒，对大气能见度影响很大。一些颗粒物来自污染源的直接排放，比如烟囱与车辆。另一些则是由环境空气中的硫氧化物、氮氧化物、挥发性有机化合物及其他化合物相互作用形成，它们的物理化学组成随地点、气候、季节的不同变化较大。可吸入颗粒物在空气中滞留时间长、易扩散，对人体健康和大气环境质量有较大的影响，已被定为空气质量监测的一个重要指标。

三、实验仪器

PC-3A 激光可吸入粉尘测试仪

四、实验步骤

（1）学会使用 PC-3A 激光可吸入粉尘测试仪。

（2）选取合适的监测地点及监测时间，对大气中可吸入颗粒物含量进行测定。

五、数据分析

根据监测数据，结合有关标准对监测环境的空气质量给予评价。

六、思考题

（1）城市大气中可吸入颗粒物的主要来源有哪些？

（2）如何有效减少大气中可吸入颗粒物的含量？

实验二十二　固体废物资源化利用

一、实验目的

（1）了解固体废物破碎和筛分目的。

（2）了解固体废物破碎设备和筛分设备。

（3）掌握破碎和筛分设备的使用方法。

（4）熟悉破碎和筛分的实验流程。

二、实验原理

固体废物的破碎是固体废物由大变小的过程，是利用外力克服固体废物质点间的内聚力，而使大块固体废物分裂成小块的过程。固体废物的筛分是根据产物粒度的不同，利用不同筛孔尺寸的筛子将物料中小于筛孔尺寸的细物粒透过筛面，大于筛孔尺寸的粗物粒留在筛面上，从而完成粗细颗粒分离的过程。

破碎产物的特性一般用粒度分布和破碎比来描述。表示颗粒大小的参数一般有粒径和粒度分布。粒径是表示颗粒大小的参数，常用筛径来表示。粒度分布表示固体颗粒群中不同粒径颗粒的含量分布情况。破碎比表示破碎过程中原废物粒度与破碎产物粒度的比值，常用废物破碎前的平均粒度（D_{cp}）与破碎后的平均粒度（d_{cp}）的比值来确定破碎比（i）。筛分完成后，本筛格存留的筛上颗粒质量为筛余量，这些颗粒粒度小于上格筛孔径，大于本格筛孔径，本格筛余量的粒度取颗粒平均粒径。

三、试验仪器与设备

（1）破碎机（型号 PE60×100）1 台

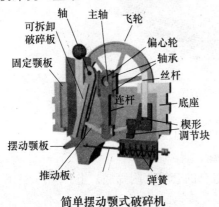

轴　主轴　飞轮

可拆卸破碎板

固定颚板

偏心轮

轴承

丝杆

连杆

底座

楔形调节块

摆动颚板

推动板　弹簧

简单摆动颚式破碎机

（2）行星粉磨机

（3）振筛机（型号 XSB-88）1 台

方孔筛：规格为 0.15mm、0.3mm、0.6mm、1.18mm、2.36mm、4.75mm 及 9.5mm 的筛子各一个，并附有筛底和筛盖。

（4）实验样品若干

（5）鼓风干燥箱 1 台

（6）台式天平（$d_{max}=15\text{kg}$，$e=1\text{g}$）1 台

（7）刷子等若干

行星粉磨机

振动筛

方孔筛

四、实验步骤

（1）称取样品（不少于 600g）在（105±5）℃的温度下烘干至恒重；

（2）称取烘干后试样 500g 左右，精确至 1g；

（3）将实验颗粒倒入按孔径大小从上到下组合的套筛（附筛底）上；

（4）开启振筛机，对样品筛分 15min；

（5）筛分后将不同孔径的筛子里的颗粒进行称重并记录数据；

（6）将称重后的颗粒混合，倒入颚式破碎机进行破碎；

（7）收集破碎后的全部物料；

（8）将破碎后的颗粒再次放入振筛机，重复步骤（3）～（5）；

（9）做好实验记录，收拾实验室，完成实验结果与分析。

五、实验结果与分析

1. 计算真实破碎比

真实破碎比＝废物破碎前的平均粒度（D_{cp}）/破碎后的平均粒度（d_{cp}）　　（22-1）

2. 计算细度模数

$$M_x = \frac{(A_2 + A_3 + A_4 + A_5 + A_6 + A_7) - 6A_1}{100 - A_1} \qquad (22\text{-}2)$$

式中　M_x——细度模数；

A_1、A_2、A_3、A_4、A_5、A_6、A_7——分别为 9.5mm、4.75mm、2.36mm、1.18mm、0.6mm、0.3mm、0.15mm 筛的累积筛余量百分数。

细度模数是判断粒径粗细程度及类别的指标。细度模数越大，表示粒径越大。

3. 实验记录

破碎前总量：＿＿＿＿＿＿＿＿＿　破碎后总量：＿＿＿＿＿＿＿＿＿

筛孔粒径 (mm)	破碎前			破碎后		
	筛余量（g）	分计筛余量（%）	累积筛余量（%）	筛余量（g）	分计筛余量（%）	累积筛余量（%）
9.5						
4.75						
2.36						
1.18						
0.6						
0.3						
0.15						
筛底						
合计						
差量						
平均粒径						

分计筛余量：各号筛余量与试样总量之比，计算精确至 0.1%。

累积筛余量：各号筛的分计筛余量加上该号以上各分级筛余量之和，精确至 0.1%；筛分后，如每号筛的筛余量与筛底的剩余量之和同原试样质量之差超过 1% 时，应重新实验。

平均粒径 d_{pj} 使用分计筛余量 p_i 和对应粒径 d_i 计算：

$$d_{pj} = \sum_i^n p_i d_i \qquad (22\text{-}3)$$

六、讨论

(1) 固体废物进行破碎和筛分的目的是什么？

(2) 各种破碎机各有什么特点？

(3) 影响筛分的因素有哪些？

实验二十三　噪声控制

一、实验目的

（1）理解噪声污染控制的基本原理。

（2）掌握吸声、隔声等噪声污染控制方法及其效果评价。

（3）学会声级计的使用。

二、实验原理

环境噪声污染是指发声源发出的声音超过国家规定的环境噪声标准，妨碍人们工作、学习、生活及其他正常活动的现象。从主观需要的角度来看，所有不希望存在的声音都可称之为噪声。从物理分析的角度来看，一切不规则的或随机的声信号或电信号可称之为噪声。

噪声对人体的危害是全身性的，既可以引起听觉系统的变化，也可以对非听觉系统产生影响。噪声对人体的危害主要有以下三方面：（1）噪声对听力的损伤。大量的研究表明，人们长期在强噪声环境下工作和生活会使内耳听觉组织受到损伤，严重会导致耳聋。（2）噪声对人体的心理影响。从心理方面来说，噪声首先会引起睡眠不好、注意力不集中、记忆力下降等心理症状，然后导致心情烦乱、情绪不稳，甚至忍耐力降低、脾气暴躁。（3）噪声对人体的生理影响。长期暴露在强噪声的环境中，会使人体的健康水平下降，诱发各种慢性疾病。此外，作业场的噪声还可以干扰语言交流，影响工作效率，甚至引起意外事故。因此，需要对噪声实施控制，以减小对人体的危害。

所有的噪声问题基本可以分为三部分：声源、传播途径、接收者。因此，噪声控制技术也可以从三方面来考虑：首先是降低声源，这是噪声控制治本的方法；其次，考虑从传播途径来控制，采用吸声材料来吸收声能（吸声）、用屏障物将声音挡住，隔离开来（隔声），是控制噪声的最有效措施之一；另外，利用消声器来降低声音在空气中的传播（消声）；最后，可以考虑接收者的个人防护（护耳器）。

凡是能用来阻断噪声的材料，统称为隔声材料。隔声材料五花八门，日常比较常见的有：实心砖块、钢筋混凝土墙、木板、石膏板、铁板、隔声毡、纤维板等。隔声是利用质密的材料将声音隔绝于某个空间，从而减小噪声对人体的危害。

三、实验仪器及材料

声级计、隔声材料

四、实验步骤

（1）学习声级计的使用。

（2）选取适当的隔声材料（最好2种或以上），对隔声前后噪声进行监测，并记录数据。

五、数据处理

分析实验数据，对隔声效果进行评价。

六、思考题

（1）常见的隔声材料有哪些？

（2）影响隔声材料的隔声效果有哪些因素？

实验二十四　分子筛的制备及其应用

一、实验目的

（1）了解分子筛的主要特点和用途。

（2）了解水热法的主要特点和一些基本实验操作。

（3）掌握 X 射线衍射（XRD）和扫描电镜（SEM）表征方法。

（4）掌握根据 XRD 和 SEM 分析分子筛样品的性能。

二、实验设计思路

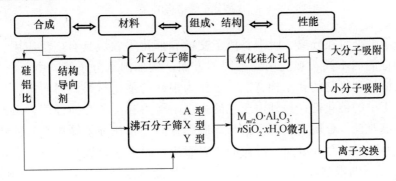

三、实验原理

　　分子筛材料，广义上指结构中有规整而均匀的孔道，孔径为分子大小的数量级，它只允许直径比孔径小的分子进入，因此能将混合物中的分子按大小加以筛分；狭义上分子筛是结晶态的硅酸盐或硅铝酸盐，由硅氧四面体或铝氧四面体通过氧桥键相连而形成。

　　分子筛按骨架元素组成可分为硅铝类分子筛、磷铝类分子筛和骨架杂原子分子筛。按孔道大小划分，小于 2nm 称为微孔分子筛，2～50nm 称为介孔分子筛，大于 50nm 称为大孔分子筛。按照分子筛中硅铝比的不同，可以分为 A 型（1.5～2.0）、X 型（2.1～3.0）、Y 型（3.1～6.0）、丝光沸石（9～11）、高硅型沸石（如 ZSM-5）等，其通式为：$MO \cdot Al_2O_3 \cdot xSiO_2 \cdot yH_2O$，其中 M 代表 K、Na、Ca 等。商品分子筛常用前缀数码将晶体结构不同的分子筛加以分类，如 3A 型、4A 型、5A 型分子筛等。4A 型即孔径约为 4A；含 Na^+ 的 A 型分子筛记作 Na-A，若其中 Na^+ 被 K^+ 置换，孔径约为 3A，即为 3A 型分子筛；如 Na-A 中有 1/3 以上的 Na^+ 被 Ca^{2+} 置换，孔径约为 5A，即为 5A 型分子筛。X 型分子筛称为 13X（又称 Na-X 型）分子筛；用 Ca^{2+} 交换 13X 分子筛中的 Na^+，形成孔径为 9A 的分子筛晶体，称为 10X（又称 Ca-X 型）分子筛。

　　A 型分子筛结构，类似于 NaCl 的立方晶系结构，如将 NaCl 晶格中的 Na^+ 和 Cl^- 全部换成 β 笼，并将相邻的 β 笼用 α 笼联结起来，就会得到 A 型分子筛的晶体结构；X 型和 Y 型分子筛结构类似于金刚石的密堆立方晶系结构，如以 β 笼这种结构单元取代金刚石的碳原子结点，且用六方柱笼将相邻的两个 β 笼联结，就得到了 X 和 Y 型分子筛结构；丝光沸石型分子筛结构没有笼，是层状结构，结构中含有大量的五元环，且成对地连在一起，每对五元环通过氧桥再与另一对联结，联结处形成四元环，这种结构单元的进一步联结，就形成了层状结构；高硅沸石 ZSM 型分子筛结构，与丝光沸石型结构相似，由成对的五元环组成，无笼状腔，只有通道，如 ZSM-5 有两组交叉的通道，一种为直通的，另一种为"之"字形相互垂直，通道呈椭圆形。

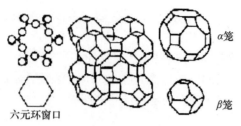

A 型分子筛结构图

目前，分子筛材料在分离、吸附、离子交换和催化等领域具有广泛应用，各种分子筛也因其结构和性能的不同，被应用到不同的方面。例如沸石分子筛，由于它的高选择性、强酸性等表面活性和规整的孔结构特点，可作为很好的催化材料，因而被广泛应用作炼油工业和石油化工中的催化剂；另外由于它的强吸附能力和离子交换性能，而被广泛应用于污水处理、土壤改良、金属离子的富集与提取等方面。介孔分子筛作为一种新型纳米结构材料，不但具有狭窄的孔径分布、巨大的比表面积，而且它突破了沸石分子筛对反应物分子尺寸在 1nm 以下的限制，虽然其缺乏离子交换性能，但是在大分子参与的吸附、分离和催化等领域具有重要的应用环境。最近几年来，随着人们对环保意识的逐渐增强，采用绿色合成和负载合成方法已成为分子筛合成的重要方向，特别是新型分子筛的合成和应用。相信在未来的几十年内，沸石分子筛以及介孔分子筛在工业生产和生活中具有更加广阔的应用前景。因此研究各类分子筛的结构和性能具有深远的意义。本次实验主要研究 Na-A 的组成、孔结构性能。

四、仪器与试剂

（1）仪器：水浴锅、水热釜、烘箱、马弗炉、坩埚、分析天平、分光光度计、干燥器、容量瓶、磁力搅拌器、搅拌子、滴定管。

（2）试剂：氢氧化钠、氢氧化钾、偏铝酸钠、硫酸铝、硅酸钠、十六烷基三甲基溴化铵、正硅酸乙酯、去离子水、亚甲基蓝、硝酸铜。

五、实验部分

1. 分子筛合成

（1）Na-A 型沸石分子筛

将 3.8gNaOH 和 3.0gNaAlO$_2$ 置于 250mL 烧杯中，加入 45mL 去离子水，在 60℃下加热溶解，得到 A 溶液。称取 7.05gNa$_2$SiO$_3$·9H$_2$O 于 250mL 烧杯中，加入 41mL 去离子水，在 60℃下加热溶解，得到 B 溶液。将得到的 B 溶液在 60℃下搅拌加热，分五次将 A 溶液加入，搅拌至形成胶状稀溶液。然后转移至水热釜中，放置在 100℃的烘箱中晶化 5h，取出后水冷至室温，倾去上层清液、抽滤、水洗至中性，转移至表面皿中，在 100℃的烘箱中干燥过夜。

（2）Na-X 型沸石分子筛

在三角烧瓶中，将 11.52g Na$_2$SiO$_3$·9 H$_2$O、5.6099g NaAlO$_2$、7.76g NaOH 和 5.47g KOH 溶解于 46mL 去离子水中。在温度 70℃磁力搅拌 3h，然后停止搅拌，将水浴温度调节

至 95℃，在此温度下静置 2h 后停止加热。待烧瓶冷却至室温后抽滤、洗涤至产物为中性，转移至表面皿中，置于 100℃ 的烘箱中干燥过夜。

（3）介孔分子筛 MCM-41

以 CTAB 表面活性剂为模板剂，以 TEOS 为硅源。在强力搅拌下，先称取 CTAB 2.43g、NaOH 0.48g 溶解于 60mL 去离子水中，然后慢慢滴加 11.81g TEOS，继续搅拌 2h 后，配制成凝胶，装入反应釜中，于 110℃ 烘箱中晶化处理 48h。取出水冷至室温，抽滤、水洗至中性，转移至表面皿中，在 100℃ 的烘箱中干燥过夜。最后，于空气中，550℃ 下煅烧 6h，除去表面活性剂 CTAB，即得 MCM-41 介孔分子筛。

2. 沸石分子筛组成分析

水含量测定：

将两个干净并灼烧过的坩埚分别称重，在其中分别加入烘干的 Na-A 型分子筛 1.0020g，Na-X 型分子筛 1.0037g，再分别称重后标号，然后放入马弗炉中，500℃ 灼烧。待温度降至 200℃ 后，用干净、预热的坩埚钳将坩埚移入干燥器中，冷至室温，称重。

3. 小分子吸附性能测试

精确称取 500℃ 活化的分子筛（称量纸＋分子筛质量为 W_0）。在空气中暴露过夜后，再次称重（称量纸＋分子筛质量为 W_1），计算分子筛的吸水量，并作比较。

4. 大分子吸附性能测试

（1）亚甲基蓝工作曲线绘制

分别移取 100mg·L^{-1} 亚甲基蓝标准溶液 0.5mL、1.5mL、2.5mL、3.5mL、4.5mL 至 5 个 50mL 容量瓶中，均用蒸馏水稀释至刻度，摇匀。用 1cm 比色皿，以蒸馏水为参比液，在 λ_{max} 下从低到高测量各个溶液的吸光度。以亚甲基蓝浓度为横坐标，吸光度 A 为纵坐标，绘制工作曲线。

（2）亚甲基蓝吸附性能测试

分别移取 20.00mL 亚甲基蓝标准溶液于三个 100mL 的容量瓶中，用蒸馏水定容。转移至三个干净的烧杯中，然后分别称取 Na-A、Na-X、MCM-41 分子筛 0.1006g、0.1013g、0.1000g 于上述三个烧杯中，标号，室温浸泡 24h，观察粉体颜色的变化，搅拌 30min 后静置，取上澄清液，在 λ_{max} 下测定吸光度（其中 Na-A 和 Na-X 浸泡后上层澄清液稀释 2 倍）。根据标准曲线，计算三种分子筛的吸附量，并进行比较。

六、结果与讨论

1. 沸石分子筛组成分析

结晶水含量测定：

	坩埚质量（g）	样品质量（g）	总质量（g）	烧后总质量（g）	结晶水质量（g）	结晶水含量
Na-A						
Na-X						

2. 吸附性能

（1）小分子的吸附性能

吸水量测试数据记录与处理

	称量前纸与样品总质量 W_0（g）	称量后纸与样品总质量 W_1（g）	吸水的质量（g）
Na-A			
Na-X			
MCM-41			

（2）大分子的吸附性能

根据上表数据计算得到三种分子筛吸附的亚甲基蓝数据见下表：

	初始浓度（mg/L）	吸光度	吸收后浓度（mg/L）	吸附百分比（%）
Na-A				
Na-X				
MCM-41				

3. 实验结果分析实例

1）沸石分子筛组成分析

结晶水含量测定：

	坩埚质量（g）	样品质量（g）	总质量（g）	烧后总质量（g）	结晶水质量（g）	结晶水含量
Na-A	42.2036	1.0020	43.2056	43.0576	0.1480	14.78%
Na-X	41.0767	1.0037	42.0804	41.9246	0.1558	15.52%

2）吸附性能

（1）小分子的吸附性能

吸水量测试数据记录与处理

	称量前纸与样品总质量 W_0（g）	称量后纸与样品总质量 W_1（g）	吸水的质量（g）
Na-A	0.2852	0.3320	0.0368
Na-X	0.2819	0.3743	0.1924
MCM-41	0.2813	0.8750	0.5937

由表可知，制备得到的 MCM-41 型分子筛吸水性能最好，Na-X 型分子筛次之，Na-A 型最差。这一方面和分子筛的比表面积有关，比表面积大的吸水性能较好，另外也与分子筛的晶格结构有关，分子筛中孔的直径也决定了其对分子吸附能力的大小。

（2）大分子的吸附性能

根据亚甲基蓝 $A \sim \lambda$ 曲线图可得亚甲基蓝在紫外光下最大吸收波长 $\lambda_{max} = 660$nm。

在该波长下测定不同浓度的亚甲基蓝标准溶液的吸光度，绘制工作曲线如下图所示：

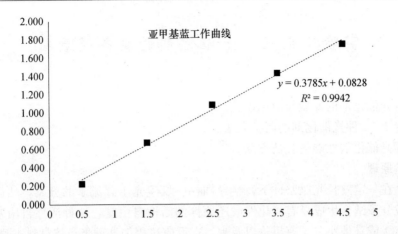

其工作曲线方程为：$A = 0.0828 + 0.3785V$　　（A 为吸光度，V 为稀释前移取标准亚甲基蓝的体积）。

根据上表数据计算得到三种分子筛吸附亚甲基蓝数据见下表：

	初始浓度（mg/L）	吸光度	吸收后浓度（mg/L）	吸附百分比（%）
Na-A	10.31	0.76	4.06	60.62
Na-X	10.31	0.472	2.40	76.67
MCM-41	10.31	0.185	0.78	92.39

根据上表可知，制备得到的 MCM-41 型分子筛吸附亚甲基蓝的性能最好，Na-X 型分子筛次之，Na-A 型最差。这一方面和分子筛的比表面积有关，比表面积大的一般吸附性能较好，另外也与分子筛的晶格结构有关，分子筛中孔的直径也决定了其对分子吸附能力的大小。根据上述量表对比可知，对于孔径较大的介孔分子筛 MCM-41，对小分子水和大分子亚甲基蓝都有很好的吸附；而对于 Na-A 和 Na-X 型分子筛对小分子和大分子的吸附能力有很大的区别，孔径偏小的 Na-A 型分子筛对小分子有很强的吸附而对大分子吸附能力很弱，因此分子筛的吸附能力与分子筛的孔径有直接的关系。

七、注意事项

（1）使用水热反应釜时注意拧紧，但又不能太紧，不然反应完后打不开。

（2）使用马弗炉时要注意安全。

八、思考题

（1）分子筛在环境应用有哪些方面？

（2）分子筛类型有哪些？

实验二十五　光催化剂的制备及表征

一、实验目的

（1）了解光催化剂的发展及应用现状。

（2）掌握 1~2 种光催化剂的制备方法。

（3）掌握光催化剂性能的表征方法。

二、实验原理

光催化是在一定波长光照条件下，半导体材料发生光生载流子的分离，然后光生电子和空穴与离子或分子结合生成具有氧化性或还原性的活性自由基，这种活性自由基能将有机大分子降解为 CO_2 或其他小分子有机物以及水，在反应过程中这种半导体材料本身不发生变化，这种半导体在光催化反应过程中起的作用就是光催化作用，这种半导体称之为光催化剂。常见的光催化剂主要有：TiO_2、ZnO、$BiVO_4$、Ag_3VO_4 等。随着社会经济的发展和工业化步伐的加快，环境污染日趋严重，光催化技术凭借其自身无污染、制备工艺简单、可直接利用太阳光作为反应光源等，成为目前环境污染治理的重要方法之一，是一种绿色的环境治理技术。

光催化降解有机污染物的反应原理：

$$半导体光催化剂 + h_v \longrightarrow e^- + h^+$$

$$h^+ + H_2O \longrightarrow H^+ + \cdot OH$$

$$有机物 + \cdot OH + O_2 \longrightarrow CO_2 + H_2O + 其他产物$$

$$M^{n+}（金属离子）+ e^- \longrightarrow M$$

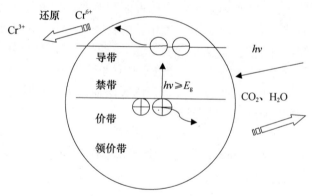

光催化过程本质上是光诱导的氧化-还原反应过程。

光催化剂的制备方法主要有：溶胶-凝胶法、沉淀法、水热合成法等。

水热合成是指在一定温度和一定压力条件下通过水溶液中物质间化学反应所实现的合成方法，水热法近年来已广泛应用于纳米材料的合成。

本实验采用水热法合成氧化锌，并对其性能进行表征。

三、实验原料及设备

硝酸锌、氢氧化钠、蒸馏水、烧杯、电子天平、磁力搅拌器、水热釜、量筒、烘箱等。

四、实验步骤

（1）按化学计量比称取 0.01mol 硝酸锌和 0.02mol 氢氧化钠，分别加少量蒸馏水溶解。

（2）待完全溶解后将氢氧化钠溶液缓慢倒入硝酸锌溶液中，并不停搅拌后定容为 100mL。

（3）继续搅拌约 30min 后，取 75mL 上述悬浊液置于水热釜，然后放入烘箱，并设定适当的温度和时间。

（4）等反应结束后打开水热釜，倒去上清液，分别用去离子水和无水乙醇洗涤沉淀 3 次，最后置于 80℃烘箱，烘干产物即为氧化锌。

（5）以亚甲基蓝溶液（浓度 10mg/L、体积 100mL）为模拟污染物，测定合成氧化锌的光催化性能，光催化性能以亚甲基蓝的降解率表示。

降解率公式为：

$$\eta = \frac{A_t}{A_0} \times 100\%$$

（25-1）

式中　η——降解率；

A_0——亚甲基蓝溶液起始吸光度值；

A_t——降解时间 t 后亚甲基蓝溶液的吸光度值。

五、实验数据的处理

作出亚甲基蓝溶液的降解率与降解时间的关系图。

六、思考题

（1）影响光催化剂催化性能的主要因素有哪些？

（2）光催化剂的制备方法主要有哪些？各有何特点？

实验二十六　火焰原子吸收仪原理与使用

一、实验目的

学会原子吸收光谱法测定金属元素的原理与方法；了解原子吸收分光光度计的基本构造，初步熟悉其操作方法；掌握火焰法测铜的条件选择。

二、实验原理

仪器从光源辐射出具有待测元素特征谱线的光，通过试样蒸汽时被蒸汽中待测元素基态原子所吸收，由辐射特征谱线光被减弱的程度来测定试样中待测元素的含量。

三、实验仪器与药品

1. 仪器

火焰型原子吸收光谱仪，乙炔钢瓶、无油空气压缩机或者空气钢瓶，电热板；烧杯（100mL、500mL），容量瓶（50mL 8 只，100mL 1 只），10mL 量筒 2 个，吸量管（5mL）1 支，吸量管（1mL）1 支，不锈钢剪刀 1 把，分析天平 1 台，玻璃棒 1 根，普通玻璃漏斗 2 个，三角瓶 2 个

2. 试剂

醋酸铜（用于配制 $50\mu g/mL$ 的 Zn 的标准液），浓硝酸和 1% 的稀硝酸，过氧化氢

四、实验内容

1. 样品的采集与处理

用不锈钢剪刀剪取 0.5g 距发根 1～3cm 处的发样，于 500mL 烧杯中用用洗手液搓洗发样，然后用自来水冲洗至无泡，这个过程重复 3 次，以保证洗去头发样品上的污垢和油腻。

发样用去离子水冲洗三次后置于烘箱中在 100℃ 下干燥 3h。将烘干后的发样用不锈钢剪刀剪碎至每根 0.5cm 左右，然后于分析天平中称取两份 0.1000g 发样作为待分析样品。

称取 0.1000g 待分析样品全部转移到三角烧瓶内，用量筒分别量取 10mL 硝酸溶液和 3mL 过氧化氢溶液（配比大概为 3:1）加入待测样品中。在三角烧瓶上放置一个普通漏斗，防止消解过程出现暴沸，置于电热板上加热，将待分析样品消解。同时，做一个不加样品的空白对照。消解完成后，将做空白对照实验的三角瓶里面的液体全部转移至一个 50mL 的洁净容量瓶中。将两个装有分析样品的三角瓶里面的液体全部转移至一个 50mL 的洁净容量瓶中，分别定容至刻度线，摇匀，盖上瓶塞，放好备用。

2. 标准系列溶液的配制

（1）制备 $1000\mu g/mL$ 的 Zn 的标准溶液 50mL

称量醋酸铜固体 0.1403g，置于 50mL 烧杯中，用少量 1% 硝酸溶液使其溶解，并全部转移入 50mL 洁净容量瓶中，用 1% 硝酸溶液定容至刻度线，摇匀，盖上瓶塞，放好备用。

（2）制备 $50\mu g/mL$ 的 Zn 的标准溶液 50mL

用 5mL 移液管移取 2.5mL 1000$\mu g/mL$ 的铜标溶液至 50mL 洁净容量瓶中，用 1% 硝酸溶液定容至刻度线，摇匀，盖上瓶塞，放好备用。

（3）制备系列 Zn 的标准溶液

用 1mL 移液管在 5 只 50mL 洁净容量瓶中分别加入 0.00mL、0.20mL、0.40mL、0.80mL、1.20mL　$50\mu g/mL$ Zn 的标准溶液，分别加 1% 硝酸溶液定容至刻度线，摇匀，盖

上瓶塞，放好备用。

3. 测量

按火焰型原子吸收光谱仪操作步骤开动仪器，选定测定条件。

五、实验结果与数据处理

根据不同浓度的标准溶液的测定值，制备标准曲线。

六、注意事项

仪器废液管应加水封。临时停电，须先关闭燃气，再将各开关恢复到开机前状态。

七、思考题

吸光度均过小，反应信号低的原因是什么？

实验二十七　气相色谱仪原理与使用

一、实验目的

（1）掌握气相色谱仪的操作和三氯乙烯的分析。

（2）掌握用保留值定性的方法。

（3）学习色谱校正因子的测定。

（4）学习用面积归一化法计算各组分的含量。

二、实验原理

气相色谱法是以气体（载气）作为流动相的柱色谱分离技术，它主要是利用物质的极性或吸附性质的差异来实现混合物的分离，它分析的对象是气体和可挥发的物质。

顶空气相色谱法是通过测定样品上方气体成分来测定该组分在样品中的含量，常用于分析聚合物中的残留溶剂或单体、废水中的挥发性有机物、食品的气味性物质等，其理论依据是在一定条件下气相和液相（固相）之间存在着分配平衡。顶空气相色谱分析过程包括三个过程：取样，进样，分析。根据取样方式的不同，可以把顶空气相色谱分为静态顶空气相色谱和动态顶空气相色谱。本实验采用静态顶空气相色谱法。

色谱定量分析，常用的方法有峰面积（峰高）百分比法、归一化法、内标法、外标法和标准加入法。本实验采用归一化法。归一化法要求所有组分均出峰，同时还要有所有组分的标准样品才能定量，公式如下：

$$x_i = \frac{f_i A_i}{\sum f_i A_i} \times 100\% \tag{27-1}$$

式中　x_i——待测样品中组分 i 的含量；

A_i——组分 i 的峰面积；

f_i——组分 i 的校正因子。

因为所测样品为同系物，我们可以简单地认为各组分校正因子相同，则式（27-1）可简化为

$$x_i = \frac{A_i}{\sum A_i} \times 100\% \tag{27-2}$$

载气携带被分析的气态混合物通过色谱柱时，各组分在气液两相间反复分配，由于各组分的 K 值不同，先后流出色谱柱得到分离。

气相色谱的结构如下所述：

1. 气路系统

获得纯净、流速稳定的载气。包括压力计、流量计及气体净化装置。

载气：要求化学惰性，不与有关物质反应。载气的选择除了要求考虑对柱效的影响外，还要与分析对象和所用的检测器相配。

净化器：多为分子筛和活性炭管的串联，可除去水、氧气以及其他杂质。

2. 进样系统：进样器＋气化室

液体进样器：不同规格的专用注射器，填充柱色谱常用 $10\mu L$；毛细管色谱常用 $1\mu L$；新型仪器带有全自动液体进样器，清洗、润冲、取样、进样、换样等过程自动完成，一次可放

置数十个试样。

气体进样器：推拉式、旋转式（六通阀）。

气化室：将液体试样瞬间气化的装置，无催化作用。

3. 柱分离系统

填充柱：内径 2～4mm，长 1～3m，内填固定相。

毛细管柱：内径 0.1～0.5mm，长达几十至 100m，涂壁固定液毛细管柱因渗透性好、传质快，因而分离效率高、分析速度快、样品用量小。

柱温：是影响分离的最重要的因素（选择柱温主要是考虑样品待测物沸点和对分离的要求）。柱温通常要等于或略低于样品的平均沸点（分析时间 20～30min）；对宽沸程的样品，应使用程序升温方法。

4. 检测系统

检测器是气相色谱仪的关键部件。实际应用中，通常采用热导检测器（TCD）、氢火焰离子化检测器（FID）、电子捕获检测器（ECD）等，本实验选用热导检测器的结构，主要根据不同的气体有不同的热导系数，对待侧物进行检测。热导检测器包括：池体（一般用不锈钢制成）；热敏元件：电阻率高、电阻温度系数大、且价廉易加工的钨丝制成；参考臂：仅允许纯载气通过，通常连接在进样装置之前；测量臂：需要携带被分离组分的载气流过，则连接在靠近分离柱出口处。

三、实验仪器与药品

（1）仪器

GC-2000 型气相色谱仪（4 台）、医用注射器（1 支）

（2）药品

苯、甲苯、二甲苯混合物

四、实验内容

（1）配制苯、甲苯、二甲苯标准混合液（各取 100μL 混合），取 1μL，测谱图，归一化法定量；理解 f 的含义。

（2）比较不同柱温色谱峰的分离情况（80°和 90°）。

五、实验结果与数据处理

（1）给出定性报告，分别指出不同保留时间所对应的物质，并说明理由。

	苯	甲苯	间二甲苯	对二甲苯	邻二甲苯
沸点（℃）	80.1	110.6	139.1	138.2	144.4

据上表知，按沸点排序：苯＜甲苯＜对二甲苯＜间二甲苯＜邻二甲苯，因为沸点低的先出峰。而对二甲苯和间二甲苯沸点只相差 0.9℃，故不能够分离开而共同显示一个峰。所以，第一个峰为苯，第二个峰为甲苯，第三个峰为对二甲苯和间二甲苯的混合物，第四个峰为邻二甲苯。

（2）利用归一化法计算出分析物中各组分的相对百分含量。

含量（%）	苯	甲苯	间（对）二甲苯	邻二甲苯
4 下 70	8.306	44.669	37.01	10.015
4 下 85	9.466	45.544	34.865	9.758

续表

含量（%）	苯	甲苯	间（对）二甲苯	邻二甲苯
3 下 70	9.049	45.862	35.275	9.814
3 下 100	9.137	45.769	34.735	10.36
1 下 75	9.041	46.318	34.69	9.951
1 下 100	10.314	45.295	34.252	10.139
平均值	9.173	45.618	34.636	9.935

上表平均值为去掉某些偏差比较大的数据后计算的平均值，从上表可看出，苯的百分含量 9.173，甲苯百分含量 45.618，间（对）二甲苯百分含量 34.636，邻二甲苯百分含量 9.935。

六、注意事项

在操作前熟悉原子吸收光谱分析法的原理。连续测定试样时，每次用去离子水调零。

七、思考题

比较填充色谱柱与毛细管色谱柱的区别。

实验二十八　高效液相色谱仪原理与使用

一、实验目的

了解高效液相色谱仪的流程和仪器的基本组成部件、功能和分析方法。

二、实验原理

高效液相色谱法是以液体作为流动相，借助于高压输液泵获得相对较高流速的液流以提高分离速度，并采用颗粒极细的高效固定相制成的色谱柱进行分离和分析的一种色谱方法。在高效液相色谱中，若采用非极性固定相，如十八烷基键合相、极性流动相，即构成反相色谱分离系统；反之，则称为正相色谱分离系统。反相色谱系统所使用的流动相成本较低，应用也更为广泛。定量分析时，为便于准确测量，要求定量峰与其他峰或内标峰之间有较好的分离度。

三、实验仪器与药品

Agilent 1100 高效液相色谱仪，$50\mu L$ 微量注射器，甲醇（色谱专用），高纯水。

四、实验内容

1. 色谱条件

色谱柱：辛烷基硅烷键合硅胶（C8）

柱温：室温

流动相：初始为高纯水（20％），甲醇（80％）

检测器：DAD 检测器

检测波长：220nm

进样体积：$20\mu L$

定量环：实际注射每次可控制在 $40\mu L$

2. 待测溶液的配制

首先用甲醇作溶剂配制储备液：邻苯二甲酸二甲酯（0.3880g/L），邻苯二甲酸二乙酯（0.2770g/L），邻苯二甲酸二丁酯（0.3776g/L）。然后各取 1mL 储备液用水-甲醇（20：80）稀释至 10mL，作为待测溶液。

3. 色谱测定

（1）按操作规程开启电脑，开启脱气机、泵、检测器等的电源，启动 Agilent 1100 在线工作软件，设定操作条件。流量为 1.000mL/min。

（2）待仪器稳定后，开始进样。将进样阀柄置于"LOAD"位置，用微量注射器吸取混合物溶液 $40\mu L$，注入仪器进样口，顺时针方向扳动进样阀至"INJECT"位置，此时显示屏显示进样标志。

（3）记下各组分色谱峰的保留时间及峰面积及分离比。

（4）实验完毕，清洗系统及色谱柱。依次用甲醇-水（60：40）、甲醇-水（70：30）……直到纯甲醇作流动相清洗，每次清洗至基线走稳，至少清洗 15min。

五、实验结果与数据处理

浓度	保留时间（min）	峰面积

六、注意事项

（1）流动相的制备要与装置相适应，必须经过过滤、脱气并恢复到室温后使用，以防气泡的产生。

（2）样品溶液进样前必须用 $0.45\mu m$ 滤膜过滤，以减少微粒对进样阀的磨损。

（3）转动阀芯时不能太慢，更不能停留在中间位置，否则流动相受阻，使泵内压力剧增，甚至超过泵的最大压力，再转到进样位时，过高的压力将使柱头损坏。

（4）为防止缓冲盐和样品残留在进样阀中，每次分析结束后应冲洗进样阀。通常可用水冲洗，或先用能溶解样品的溶剂冲洗，再用水冲洗。

（5）输液泵的压力必需稳定，才能取得良好的分析结果。变动的幅度大致在 0.5MPa 以内范围为正常。

（6）在一段时间内不进行分析时，建议清洗柱子，并从装置上卸下，种类不同的柱子，清洗的方法也不同，必须按柱的使用说明书确认。存放时，柱内应充满溶剂（甲醇或乙腈），两端要封死。柱子要轻拿轻放。

七、思考题

（1）采用色谱法原理的分析仪器有哪些？

（2）高效液相色谱法还可以对环境中的哪些污染物质进行分析检测？

实验二十九 电感耦合等离子体发射光谱仪使用

一、实验目的

（1）掌握电感耦合等离子体发射光谱仪的原理与应用。

（2）了解与掌握电感耦合等离子体发射光谱仪操作。

二、实验原理

1. ICP-AES 分析性能特点

等离子体（Plasma）在近代物理学中是一个很普通的概念，是一种在一定程度上被电离（电离度大于 0.1%）的气体，其中电子和阳离子的浓度处于平衡状态，宏观上呈电中性的物质。

电感耦合等离子体（ICP）是由高频电流经感应线圈产生高频电磁场，使工作气体形成等离子体，并呈现火焰状放电（等离子体焰炬），达到 10000℃ 的高温，是一个具有良好的蒸发—原子化—激发—电离性能的光谱光源。而且由于这种等离子体焰炬呈环状结构，有利于从等离子体中心通道进样并维持火焰的稳定；较低的载气流速（低于 1L/min）便可穿透 ICP，使样品在中心通道停留时间达 2~3ms，可完全蒸发、原子化；ICP 环状结构的中心通道的高温，高于任何火焰或电弧火花的温度，是原子、离子的最佳激发温度，分析物在中心通道内被间接加热，对 ICP 放电性质影响小；ICP 光源又是一种光薄的光源，自吸现象小，且是无电极放电，无电极沾污。这些特点使 ICP 光源具有优异的分析性能，符合一个理想分析方法的要求。

一个理想的分析方法，应该是：可以多组分同时测定；测定范要围宽（低含量与高含量成分能同时测定）；具有高的灵敏度和好的精确度；可以适用于不同状态的样品的分析；操作要简便与易于掌握。ICP-AES 分析方法便具有这些优异的分析特性。

（1）ICP-AES 法首先是一种发射光谱分析方法，可以多元素同时测定。

发射光谱分析方法只要将待测原子处于激发状态，便可同时发射出各自特征谱线，同时进行测定。ICP-AES 仪器，不论是多道直读还是单道扫描仪器，均可以在同一试样溶液中同时测定大量元素（30~50 个，甚至更多）。已有文献报道的分析元素可达 78 个，即除 He、Ne、Ar、Kr、Xe 惰性气体外，自然界存在的所有元素，都已有用 ICP-AES 法测定的报告。当然实际应用上，并非所有元素都能方便地使用 ICP-AES 法进行测定，仍有些元素用 ICP-AES 法测定，不如采用其他分析方法更为有效。尽管如此，ICP-AES 法仍是元素分析最为有效的方法。

（2）ICP 光源是一种光薄的光源，自吸现象小，所以 ICP-AES 法校正曲线的线性范围可达 5~6 个数量级，有的仪器甚至可以达到 7~8 个数量级，即可以同时测定 $0.00n\% \sim 0n\%$

的含量。在大多数情况下，元素浓度与测量信号呈简单的线性。既可测低浓度成分（低于 mg/L），又可同时测高浓度成分（几百或数千 mg/L）。是充分发挥 ICP-AES 多元素同时测定能力的一个非常有价值的分析特性。

（3）ICP-AES 法具有较高的蒸发、原子化和激发能力，且是无电极放电、无电极沾污。由于等离子体光源的异常高温（焰炬高达 10000℃，样品区也在 6000℃以上），可以避免一般分析方法的化学干扰、基体干扰，与其他光谱分析方法相比，干扰水平比较低。等离子体焰炬比一般化学火焰具有更高的温度，能使一般化学火焰难以激发的元素原子化、激发，所以有利于难激发元素的测定。并且在 Ar 气体中不易生成难熔的金属氧化物，从而使基体效应和共存元素的影响变得不明显。很多可直接测定，使分析操作变得简单、实用。

（4）ICP-AES 法具有溶液进样分析方法的稳定性和测量精度，其分析精度可与湿式化学法相比。且检出限非常好，很多元素的检出限低于 1mg/L，如下表所列。现代的 ICP-AES 仪器，其测定精度 RSD 可在 1%以下，有的仪器短期精度在 0.4%RSD。同时 ICP 溶液分析方法可以采用标准物质进行校正，具有可溯源性，已经被很多标准物质的定值所采用，被 ISO 列为标准分析方法。

各元素 ICP-AES 分析法的检出限 (L. D. mg/L)

分析元素	Ag	Al	As	Au	B	Ba	Be	Bi	Ca	Cd	Ce	Co	Cr	Cu	Dy	Er	Eu
L. D. −80[①]	6.6	22	50	16	4.5	1.2	0.25	21	0.18	2.4	50	5.0	4.0	2.3	10	9.4	2.5
L. D. −99[②]	0.3	0.2	0.9	0.6	0.3	0.04	0.05	2.6	0.02	0.09	2.0	0.2	0.2	0.2	1.0	0.7	0.2
分析元素	Fe	Ga	Gd	Ge	Hf	Hg	Ho	In	Ir	K	La	Li	Lu	Mg	Mn	Mo	Na
L. D. −80[①]	1.7	21	14	17	11	25	5.4	59	25	60	9.4	1.8	0.94	0.14	1.3	7.4	29
L. D. −99[②]	0.2	4	0.9	6.0	3.3	0.5	0.4	9	5	0.2	1	0.2	0.01	0.04	0.2	0.5
分析元素	Nb	Nd	Ni	Os	P	Pb	Pd	Pr	Pt	Re	Rh	Ru	S	Sb	Sc	Se	Si
L. D. −80[①]	39	47	9.4	0.34	73	40	40	36	28	57	40	28	—	17	—	70	9
L. D. −99[②]	5	2	0.3	0.13	1.5	1.5	3	2	4.7	3.3	5	6	9	2.0	0.09	1.5	1.5
分析元素	Sm	Sn	Sr	Ta	Tb	Te	Th	Ti	Tl	Tm	U	V	W	Y	Yb	Zn	Zr
L. D. −80[①]	40	25	0.4	24	22	39	61	3.5	39	4.9	240	4.6	28	3.2	1.7	1.7	6.6
L. D. −99[②]	2	1.3	0.01	5.3	2	10	5.4	0.05	1.0	0.6	15	0.2	2.0	0.3	0.3	0.2	0.3

① 为 20 世纪 80 年代文献上所发表的数据。

② 为 20 世纪 90 年代末商品仪器的最好水平。引自各仪器制造公司所提供的技术资料。

（5）ICP-AES 法采用相应的进样技术可以对固、液、气态样品直接进行分析。当今 ICP-AES 仪器的发展趋势是精确、简捷、易用，且具有极高的分析速度。更加注重实际工作的需求及效率，使用者无需在仪器的调整上耗费时间和精力，从而能够把更多的精力放在分析测定工作上，使 ICP 成为一个易操作、通用性的实用工具。而且仪器更具多样化的适配能力，可根据实际工作需要选择不同的配置，例如在同一台仪器上可实现垂直观测、水平观测、双向观测，全波段覆盖、分段扫描，无机、有机样品、油样分析，自动进样器、超声雾化器、氢化物发生器、流动注射进样、固体进样等多种配置形式，并可根据需求随时升级，真正做到了一机多能，高效易用。新型的 ICP 商品仪器，综合了前几代仪器的优点，对仪器的结构、控制和软件功能等方面进行调整、推出新一代的 ICP 仪器。由于高集成固体检测器的普遍使用、高配置计算机的引入，仪器在结构上更加紧凑、功能更加完善，并在控制的可靠性、数据通用性上都有了质的飞跃。

2. ICP-AES 分析的进样技术

ICP-AES 法可以对固、液、气态样品直接进行分析。进样技术有液体雾化进样、气体直接进样、固体超微粒气溶胶进样。

对于液体样品分析的优越性是明显的，对于固体样品的分析，所需样品前处理也很少，只需将样品加以溶解制成一定浓度的溶液即可。通过溶解制成溶液再行分析，不仅可以消除样品结构干扰和非均匀性，同时也有利于标准样品的制备。分析速度快，多道仪器可同时测定 30～50 个元素，单道扫描仪器 10min 内也可测定 15 个以上元素。而且已可实现全谱自动测定。可测定的元素之多，大概比任何类似的分析方法都要多，可以肯定目前还没有一种同时分析方法可以与之相匹敌。

ICP-AES 法的应用中，仪器的操作使用要简单得多，而样品的预处理却十分重要和关键。

Optia2100DV 型 ICP-OES 操作规程：

（1）在仪器开机前，依氩气瓶的开启阀标识 open 方向打开氩气气体。

（2）观察氩气的输出气压为 0.8MPa。

（3）打开空压机开关，并检查排水管和排气管是否有破损。

（4）调解空压机输出压力为 80psi。

（5）打开水冷机开关，设定水温为 20℃，压力设定为 45～80psi。

（6）打开仪器主电源。

（7）关闭等离子体门，并确认该门紧闭。

（8）打开抽风机开关。

（9）打开计算机、显示器，双击打开操作软件 WINLAB32。

（10）检查计算机和仪器连接是否是好。

（11）在工具栏上打开方法编辑器窗口。

（12）从方法编辑器窗口中点击元素周期表按钮进入元素周期表，选择待测元素点击右键选择所需要的波长。再点击编入方法按钮。

（13）按光谱仪窗口中右侧第二栏进入设置，设定延迟时间为 30s。重复次数设定为 3，其余参数设定一般不需改变。其余参数说明如下：

吹扫气流：一般而言，当分析波长＜190nm 可选择高，一般设定为正常。

（14）从方法编辑器窗口点击进入取样器/蠕动泵，设定冲洗时间为 5s。其余参数如下：试样流量一般设定为 1.5mL/min。

（15）从方法编辑器窗口点击进入校准/定义标样。

（16）将分析方法设定完后，从文件菜单中保存方法。

（17）将此分析方法在名称栏输入适当的名称，点击确定。

（18）检查蠕动泵浦管有无变形、破损，弹性是否是好，将进样管顺着蠕动泵的旋转方向用卡钩固定好把蠕动泵套上，排液管逆着蠕动泵的旋转方向用卡钩固定好，把蠕动泵套上。

（19）装上蠕动泵浦管，检查连接好后将进样管移入装有去离子水的烧杯中，准备点燃等离子体。

（20）确认蠕动泵辅管连好后，打开等离子体控制窗口。点击蠕动泵按钮启动蠕动泵，同时检查泵辅管连接顺序是否正确。

（21）点击 ON 点燃等离子体，其间将会有 3min 填充时间。等离子体参数其计算机均已设定好，不需要改动。

（22）当观察窗等离子体点火后观察其火焰情形，如果不稳定，则按紧急按钮关闭等离子体。

（23）打开手工分析控制窗口，点击结果数据保存栏中"打开"进入保存窗口，输入适当的文件名，点击确定，此时结果保存设定完毕。

（24）依次点击分析空白、分析标样、分析试样进行样品分析。

（25）样品分析完毕时从工具栏光谱打开窗口，可看到各元素的波峰图。

（26）分析完后的数据从工具栏打开结果窗口，查看数据。

（27）所有样品分析完毕后，用 3%～5%的硝酸清洗 3min 后，再用去离子水清洗 5min。

（28）卸下蠕动泵辅管，让其呈自然位置；依次关掉操作软件、主电源开关、空压机开关、冷却水开关、氩气开关。

三、主要用途

可用于地质、环保、化工、生物、医药、食品、冶金、农业等方面样品中元素的定性、定量分析。

指标信息：

（1）检测范围：可以测定全部的金属元素及部分非金属元素（70 多种）。

（2）波长范围：160～800nm 波长连续覆盖，完全无断点。

（3）检出限：多数元素能达到 ppm 级。

实验三十 总有机碳仪的原理与使用

一、实验目的

（1）了解总有机碳 TOC 的测定原理。

（2）掌握用燃烧氧化——非红外吸收法测定 TOC 的技术。

二、实验原理

TOC 是以碳的含量表示水体中有机物质总量的综合指标。由于 TOC 的测定采用燃烧法，因此能将有机物全部氧化，它比 BOD5 或 COD 更能直接表示有机物的总量。因此常常被用来评价水体中有机物污染的程度。

近年来，国内外已研制成各种类型的 TOC 分析仪。按工作原理不同，可分为燃烧氧化——非红外吸收法、电导法、气相色谱法；湿法氧化——非分散红外吸收法等。其中燃烧氧化——非分散红外吸收法只需一次性转化，流程简单、重现性好、灵敏度高，因此这种 TOC 分析仪广为国内外所采用。

（1）差减法测定 TOC 值的方法原理：水样分别被注入高温燃烧管（900℃）和低温反应管（150℃）中。经高温燃烧管的水样受高温催化氧化，使在有机化合物和无机碳酸盐均转化为二氧化碳。经反应管的水样受酸化而使无机碳酸盐分解成二氧化碳。其所生成的二氧化碳依次导入非分散红外检测器，从而分别测得水中的总碳（TC）和无机碳（IC）。总碳与无机碳的差值，即为总有机碳。

（2）直接法测定 TOC 值的方法原理：将水样酸化后曝气，使各种碳酸盐分解生成二氧化碳而驱除后，在注入高温燃烧管中，可直接测定总有机碳。但由于在曝气过程中会造成水样中挥发性有机物的损失，从而产生测定误差，因此其测量结果只是不可吹出的有机碳值。

三、实验仪器与药品

1. 仪器

（1）非分散红外吸收 TOC 分析仪

（2）0～50μL 的微量注射器

2. 药品

（1）邻苯二甲酸氢钾：基准试剂。

（2）无水碳酸钠：基准试剂。

（3）碳酸氢钠：基准试剂。

（4）无二氧化碳蒸馏水：将重蒸馏水煮沸蒸发，待蒸发损失量达 10% 为止。稍冷，立即倾入瓶口插有碱石灰管的下口瓶中，用来配制以下标准溶液时备用的无二氧化碳蒸馏水。

（5）有机碳标准贮备液：称取在 115℃ 干燥 2h 后的邻苯二甲酸氢钾 0.8500g，用水溶解。转移到 1000mL 容量瓶中，用水稀释至标线。其浓度为 400mg/L 碳，在低温（4℃）冷藏条件下可保存 40d。

（6）有机碳标准溶液：准确吸取 10.00mL 有机碳标准贮备液，置于 50mL 容量瓶中，用水稀释至标线。其浓度为 80mg/L 碳，用时配制。

（7）无机碳标准贮备液：称取经置于干燥器中的碳酸氢钠 1.400g 和经过 270℃ 干燥的无水碳酸钠 1.770g 溶于水中，转移到 1000mL 容量瓶中，用稀释至标线。其浓度为 400mg/L

无机碳。

（8）无机碳标准溶液：准确吸取 10.00mL 无机碳标准贮备溶液，置于 50mL 容量瓶中，用水稀释至标线。其浓度为 80mg/L 碳，用时配制。

（9）1+1 硫酸。

四、实验步骤

1. 标准曲线的绘制

分别吸取 0、0.50mL、1.50mL、3.00mL、4.50mL、6.00mL 及 7.50mL 有机碳和无机碳标准溶液于 10mL 比色管中，用水稀释至标线。配成含 0、4.0mg/L、12.0mg/L、24.0mg/L、36.0mg/L、48.0mg/L、60.0mg/L 的有机碳和无机碳两个系列标准溶液。

分别移取 20μL 不同浓度的有机碳标准系列溶液，注入燃烧管进口，测量记录仪上出现的吸收峰高与对应浓度，作图，绘制有机碳标准曲线。

分别移取 20μL 不同浓度的无机碳标准系列溶液，注入反应器进口，记录吸收峰高与对应浓度，作图，绘制无机碳标准曲线。

2. 水样的测定

（1）差减测定法：经酸化的水样，在测定前应以氢氧化钠溶液中和至中性。

吸取 20μL 混匀水样，分别注入燃烧管进口及反应管进口，读取峰高。重复进行 2～3 次，使测得峰高的相对偏差在 10% 以内为止，求其峰高均值。从上述两个标准曲线上分别查得相应的总碳和无机碳值。

（2）直接测定法：把已酸化的约 25mL 的水样移取 50mL 烧杯中，［加酸量为每 100mL 水样中加 0.04mL（1+1）硫酸，已酸化的水样不用再加］，在磁力搅拌器上剧烈搅拌几分钟或向烧杯中通入无二氧化碳的氮气，以除去无机碳。吸取 20μL 经除去无机碳的水样，注入燃烧管进口。重复 2～3 次，使测得峰高的相对偏差在 10% 以内为止。由峰高的均值在有机碳标准曲线上查得相应的浓度值。

五、数据处理

（1）差减测定法

TOC（mg/L）＝TC－IC

（2）直接测定法

TOC（mg/L）＝TC

六、思考题

（1）总有机碳测定仪主要包括哪几个部分？各有何功能？

（2）实验中为什么使用无二氧化碳蒸馏水？

七、注意事项

（1）水样采集后，必须贮存于棕色玻璃瓶中。常温下水样可保存 24h。若不能及时分析，水样可加硫酸调节至 pH 值为 2，并在 4℃ 冷藏，可以保存 7d。

（2）当分析含高氮阴离子的水样时，可影响红外吸收，必要时，可用无二氧化碳蒸馏水稀释后再测定。水样含大颗粒悬浮物时，由于受水样注射器针孔的限制，测定结果往往不包括全部颗粒态有机碳。

实验三十一　红外光谱法分析苯甲酸

一、实验目的

（1）掌握用压片法制作固体试样晶片的方法。

（2）掌握用红外吸收光谱进行未知化合物的定性分析。

（3）掌握用标准谱图库进行化合物鉴定的方法。

二、实验原理

红外吸收光谱分析方法主要是依据分子内部原子间的相对振动和分子转动等信息进行测定。不同的化学键或官能团，其振动能级从基态跃迁到激发态所需的能量不同，因此要吸收不同的红外光，将在不同波长出现吸收峰，从而形成红外光谱。

三、实验仪器与药品

1. 仪器

傅里叶红外光谱仪软件：IR Solution，压片机、模具和干燥器，玛瑙研钵、药匙、镜纸及红外灯

2. 试剂

苯甲酸粉末、光谱纯 KBr 粉末

四、实验内容

（1）将所有的模具用酒精擦拭干净，用电吹风先烘干，再在红外灯下烘烤。

（2）用电子天平称量一定量的 KBr 粉末（每份约 200mg），在红外灯下研钵中加入 KBr 进行研磨，直至 KBr 粉末颗粒足够小（注意 KBr 粉末的干燥）。

（3）将 KBr 装入模具，在压片机上压片，压力上升至 14MPa 左右，稳定 30s。

（4）打开傅里叶红外光谱仪，将压好的薄片装机，设置背景的各项参数之后，进行测试，得到背景的扫描谱图。

（5）取一定量的样品（样品大约 1.2～1.3g）放入研钵中研细，然后重复上述步骤得到试样的薄片。

（6）将样品的薄片固定好，装入红外光谱仪，设置样品测试的各项参数后进行测试，得到苯甲酸的红外谱图。

（7）然后删掉背景谱图，对样品谱图进行简单的编辑和修饰，并标注出吸收峰值，保存试样的红外谱图。

（8）谱图分析：在测定的谱图中根据出现吸收带的位置、强度和形状，利用各种基团特征吸收的知识，确定吸收带的归属。若出现了某基团的吸收，应该查看该基团的相关峰是否也存在。应用谱图分析，结合其他分析数据，可以确定化合物的结构单元，再按照化学知识和解谱经验，提出可能的结构式。然后查找该化合物标准谱图，来验证推定的化合物结构式。

五、实验结果处理与数据分析

红外特征吸收分析：

1. 苯环的测定

（1）708cm^{-1}苯环的单取代 CH 面外弯曲特征吸收峰。

（2）3071cm^{-1}苯环环上 CH 伸缩振动吸收峰。

（3）在 1601cm⁻¹、1583cm⁻¹，1496cm⁻¹、1453cm⁻¹内出现四指峰，由此确定存在单核芳烃 C=C 骨架，所以存在苯环。

2. 羧基的测定

（1）在 1689cm⁻¹存在强吸收峰，这是羧酸中羧基的振动产生的。

（2）在 3400～2500cm⁻¹区域有宽吸收峰，所以有羧酸的 O—H 键伸缩振动。

（3）在 1292cm⁻¹存在 C—O 伸缩的特征吸收峰。

（4）933cm⁻¹存在 OH 的面外弯曲特征吸收峰。

（5）1423cm⁻¹存在 OH 的面内弯曲特征吸收峰。

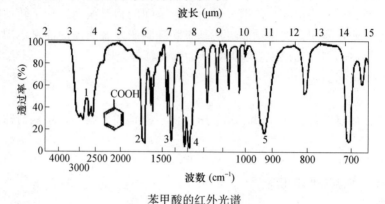

苯甲酸的红外光谱

1. O=H 的拉伸振动；2. C=O 的拉抻振动；3. 和 5. O—H 的弯折振动；4. C—O 的拉伸振动

六、注意事项

压片时压力适当，不能过大，压片时间不能过长，转移样品时注意摆位要正。

七、思考题

（1）用压片法制样式时，为什么要求将固体样品试样研磨到颗粒粒度在 2μm 左右？为什么要求 KBr 粉末干燥、避免吸水受潮？

（2）利用标准谱图进行化合物鉴定时要注意什么？

（3）红外谱图解析的一般过程是什么？

参考文献

[1] 奚旦立，孙裕生．环境监测（第四版）[M]．北京：高等教育出版社，2010.

[2] 国家环境保护总局《水和废水监测分析方法》编委会．水和废水监测分析方法（第四版）[M]．北京：中国环境科学出版社，2002.

[3] 国家环境保护总局《空气和废气监测分析方法》编委会．空气和废气监测分析方法（第四版）[M]．北京：中国环境科学出版社，2003.

[4] Clair N. Sawyer. Chemistry for Environmental Engineering and Science, 5th Ed. （环境科学与工程化学 第5版）[M]．北京：清华大学出版社，2004.

[5] 周群英．环境工程微生物学（第3版）[M]．北京：高等教育出版社，2008.

[6] 周德庆．微生物学教程（第3版）[M]．北京：高等教育出版社，2011.

[7] 王国惠．环境工程微生物学实验 [M]．北京：化学工业出版社，2012.

[8] 袁林江．环境工程微生物学 [M]．北京：化学工业出版社，2012.

[9] 章非娟，徐竟成．环境工程实验 [M]．北京：高等教育出版社，2006.

[10] 吉芳英，高俊敏，何强．环境监测实验教程 [M]．重庆：重庆大学出版社，2015.

[11] 高廷耀，顾国维，周琪．水污染控制工程（第4版）下册 [M]．北京：高等教育出版社，2015.

[12] 高廷耀，顾国维，周琪．水污染控制工程（第3版）下册 [M]．北京：高等教育出版社，2007.

[13] 陈杰瑢．物理性污染控制 [M]．北京：高等教育出版社，2007.

[14] 李连山．环境物理性污染控制工程 [M]．北京：华中科技大学出版社，2009.

[15] 洪宗辉．环境噪声控制工程（面向21世纪课程教材）[M]．北京：高等教育出版社，2002.

[16] 朱明华．仪器分析（第4版）[M]．北京：高等教育出版社，2008.

[17] 朱世盛．现代仪器分析（第2版）[M]．北京：高等教育出版社，2006.

[18] 孙秀云．固体废物处置及资源化 [M]．北京：南京大学出版社，2009.

[19] 高忠爱．固体废物的处理与处置 [M]．北京：高等教育出版社，1993.

[20] 高艳玲．固体废物处理处置与资源化 [M]．北京：高等教育出版社，2007.

[21] 郝吉明，马广大．大气污染控制工程（第2版）[M]．北京：高等教育出版社，2002.

[22] 张殿印，王纯．除尘工程设计手册（第1版）[M]．北京：化学工业出版社，2003.

[23] 唐国山．工业电除尘器应用技术（第1版）[M]．北京：化学工业出版社，2006.

[24] 马广大．大气污染控制工程（第2版）[M]．北京：中国环境科学出版社，2003.

[25] 环境保护部环境保护工程技术规范．http：//kjs. mep. gov. cn/hjbhbz/bzwb/other/hjbhgc/.

[26] 环境保护部环境保护标准．http：//kjs. mep. gov. cn/hjbhbz/index. htm.

[27] 微生物学实验方法站点．http：//www. protocol-online. org.